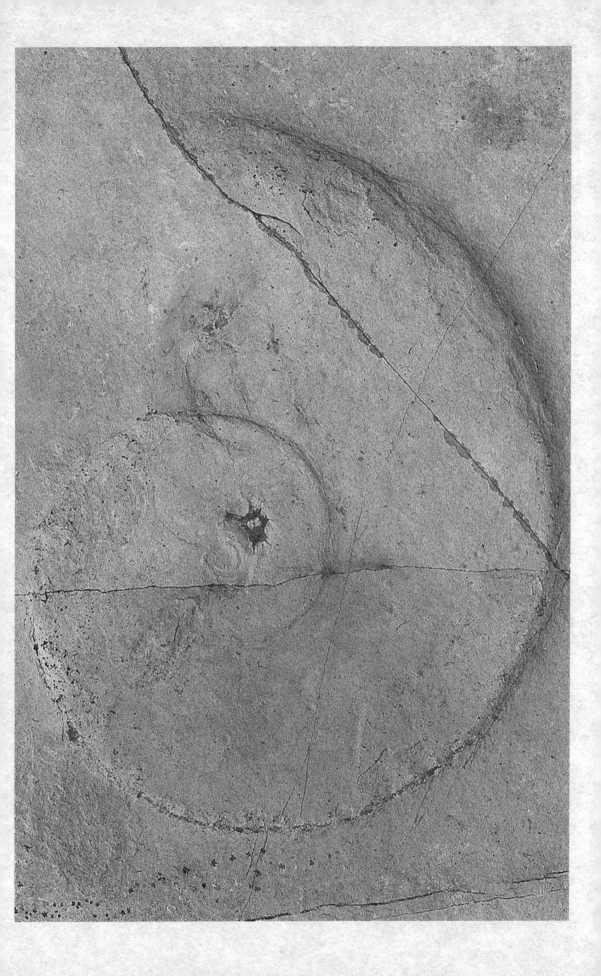

34

5

8

1 1

2   3

21

13

中国教育出版传媒集团
出版资助项目

数学
历史
画卷

主　编　　李文林
副主编　　冯　雷
　　　　　吴宝俊

中国教育出版传媒集团
高等教育出版社·北京

学史卷画
灯民

本书以图说形式叙述数学发展的历史,内容涵盖了从远古数学起源到21世纪初世界主要文明地域数学的发展,全面展示了数学科学的创新历史以及不同文明的数学文化风貌。

本书按时代顺序展开,但不拘泥于纯编年形式,在相关的页面设有专题区块以表现数学的重大应用、重要新学科的兴起等,彰显数学的社会意义与文化价值、反映数学知识动态进化。书中将中国古代数学成就放在世界数学的主流中述说,同时辟有"中国现代数学的开拓"专段,介绍20世纪初以来几代中国数学家为实现数学强国的追梦之旅,提振民族文化自信、激励自主创新。

本书以图为主,图片精美,突出主题,包含不少实拍的珍贵数学历史文物资料和文化场景。

本书适合具有中等以上文化程度的读者阅读,可作为大中小学校普及数学史、开展科学与科学家精神教育的课外读物。

这是一部按时代展开的数学发展的历史画卷，全书以图说形式体现抽象数学思想的创新历程，弘扬数学文化和数学家精神。

数学是人类文化的重要组成部分，数学的历史是人类文明史的重要篇章。了解数学史，可以启迪创新思维，激励科学精神。目前已有不少的数学史著述，但以图片为主的数学史作品却为数不多。本书是创作新型数学与数学文化传播作品的探索，力图贯彻以下特点：

1． 图文并茂，以图为主。书中的图片是精心选择的，形象精美，密切配合内容，突出主题，有些图片系笔者亲自实拍的珍贵文物资料和文化场景（如埃及莱茵德纸草书、巴比伦普林顿 322 泥版文书、《永乐大典》中的贾宪（杨辉）三角、剑桥大学数学桥、哥廷根大学的高斯、韦伯雕像等）。

2． 完整的时空跨度。本书涵盖了从远古数学起源到 21 世纪初世界主要文明地域数学的发展，全面地展示了数学发展的多元文化根源以及不同文明的数学文化风貌。

3． 本书不仅纳入了中国古代数学家与数学成就，而且辟有专段"中国现代数学的开拓"，介绍了 20 世纪初以来几代中国数学家为实现数学强国的追梦之旅，这些都是提高民族文化自信、激励自主创新的生动素材。

4． 本书每页有主题图，或是史上伟大数学家肖像，亦或是里程碑意义的数学经典，标志性数学模型，象征性建筑、绘画、雕塑以及重大数学事件形象图等。另外在相关的页面设有专门的区块以表现数学的重大应用、重要新学科的兴起等，使画卷不拘泥于纯编年的机械形式，而成为彰显数学的社会意义与文化价值、反映数学知识动态进化的载体。

早在 2005 年，笔者曾主编了一部《文明之光——图说数学史》。以后笔者又主持制作了迄今国内唯一的大型数学历史数字展示——中国科学院数学与系统科学研究院"数学馆"数学历史画卷电子墙，2014 年落成以来，该展示已接待了一批又一批的院外观众，其 PPT 演示文稿正是本书的蓝本。一次偶然的机会，中国科学院大学科普协会吴宝俊老师在参观了数学与系统科学研究院"数学馆"后，建议将其改编为可移动的展板。于是成立了一个小组（小组成员即本书编委会成员），在数学历史画卷数字展示的基础上，由中国科学院大学建筑研究与设计中心兰俊副教授指导的研究生何之淼进行了美术设计。在展板制作的后期，大家认为如果能以画册的形式正式出版，将能有更多的受众。在寻求出版赞助的关键时刻，我们得到了高等教育出版社的大力支持。高等教育出版社历来关注重视数学文化的传播并有独到的眼光。本书责任编辑李蕊以高度的热情投入了细致甚至是繁重的工作。这一切是本书得以顺利出版、成功面世的保障。

　　赵晶女士、魏蕾博士帮助收集和拍摄了部分图片，谨此致谢。

　　本书的内容适合中等以上文化程度的读者阅读，以图片为主的形式，即使对于中学生也具有可读性和吸引力，并能提供科学与科学家精神教育的素材。创作科普著述是非常困难的任务，一部好的科普读物，既不能晦涩难读，更不能以夸夸其谈吸睛，而应该是可读性与科学性的巧妙平衡。正如前面所说，本书是一种探索，我们希望本书会受到大众的欢迎，为增进公众对数学的了解、提高全民数学文化素养的光荣事业发一份光热。同时，我们也欢迎读者对本书中的疏误不足之处提出批评指正。

中国科学院数学与系统科学研究院　李文林

2022 年 11 月

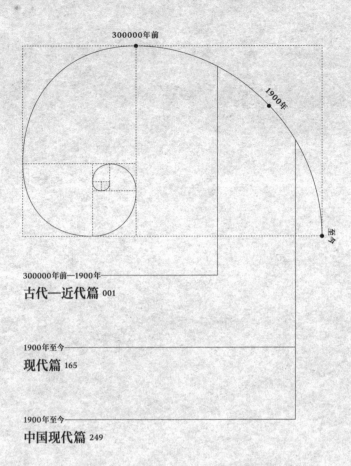

目录

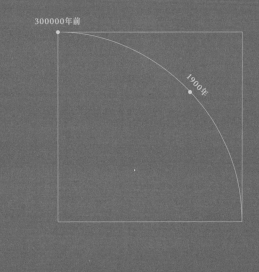
300000年前

1900年

数学历史画卷·第一部分

古代—近代篇

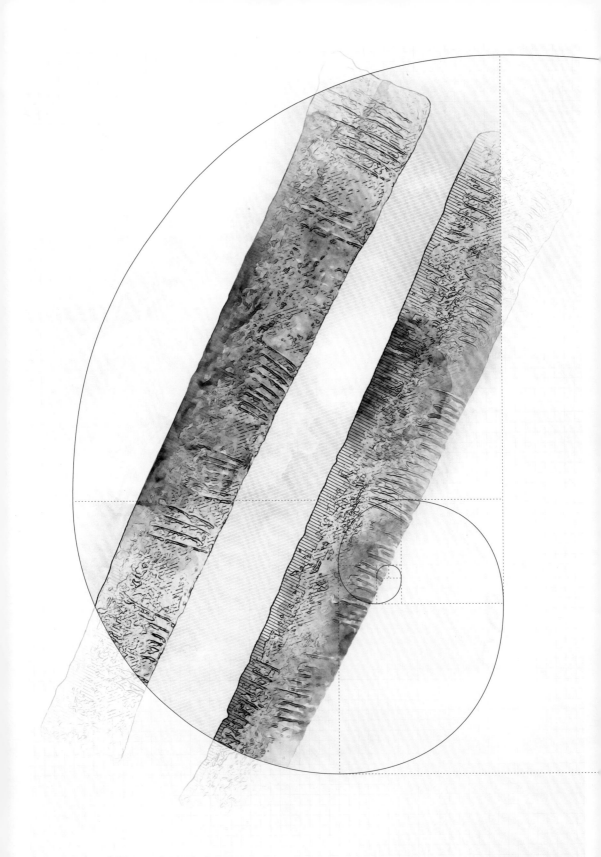

300000年前

1 早期刻痕记数的遗迹之一伊尚戈骨
（不同侧面）：非洲伊尚戈古村落（今
刚果民主共和国境内）发现的狒狒
腓骨，上面有 3 列记数刻痕，年代
估计在 20000 年前

2 古代南美部落结绳记数的绳结

1

2

"数"概念的形成

- 约 300000 年前，人类原始的"数觉"经过漫长的演进，逐渐形成了"数"的概念。"数"概念的形成可能与火的使用一样古老，它对于人类文明的意义也决不亚于火的使用。

- 当对数的认识越来越明确时，人们感到有必要以某种方式来表达事物的这一属性，于是导致了记数。人类原始的记数方式有石子记数、刻痕记数、结绳记数等。

0   1   2

公元前4000年

公元前2500年

公元前4000 ▷ 前2500年

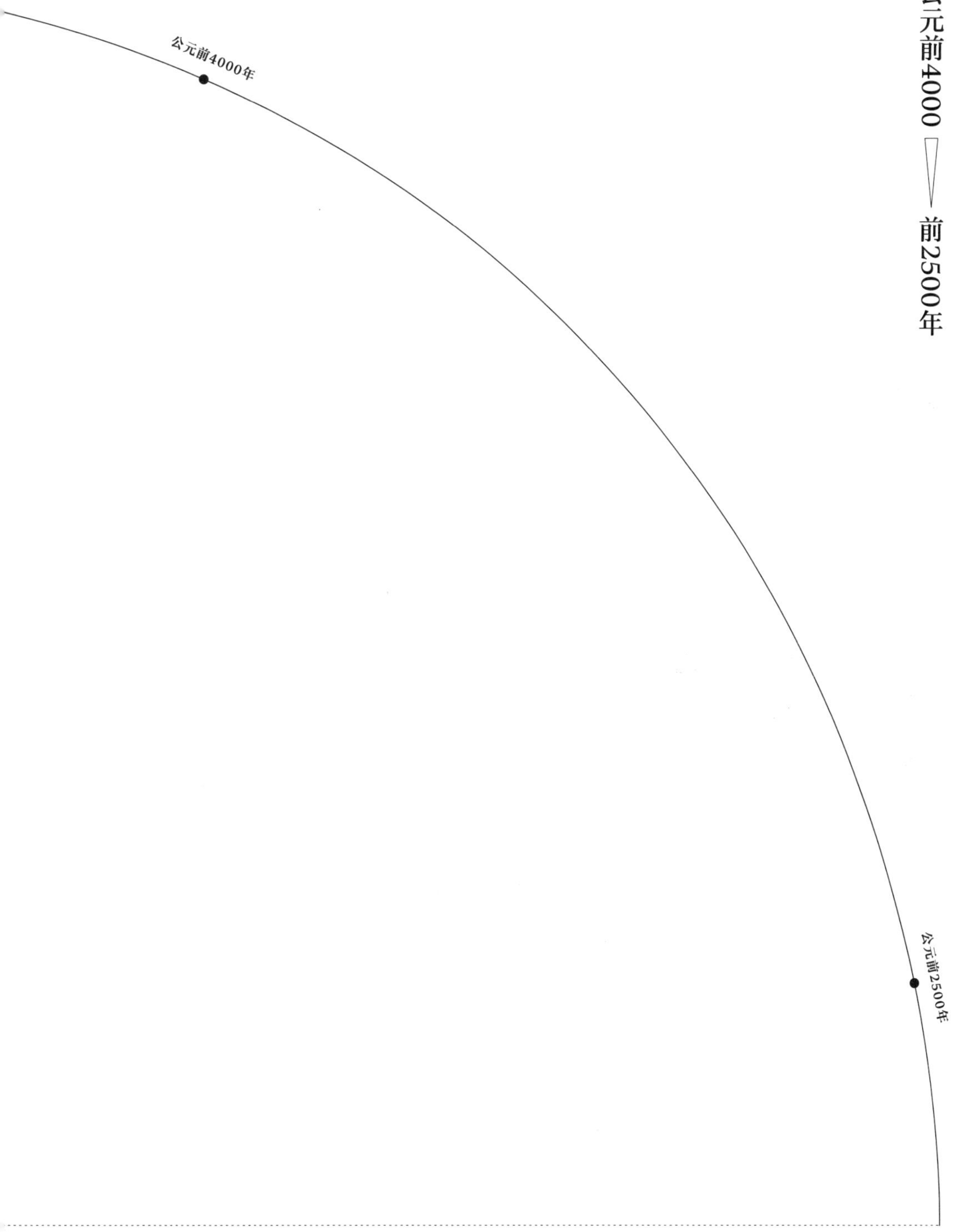

1 印度摩亨佐·达罗建筑遗址
 （约公元前 3500 年）
2 古埃及陶器上的几何图案
 （约公元前 3500 年）

3 中国西安半坡遗址房屋地基
 （约公元前 3000 年）
4 中国西安半坡遗址陶器残片
 （约公元前 3000 年）

5 中国四川三星堆青铜太阳轮
6 古埃及象形数字
7 巴比伦楔形数字

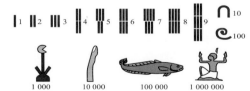

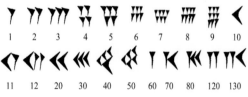

"形"概念的起源

- 人类最初的几何知识是从对形的直觉中萌芽出来。史前人首先是从自然界本身提取几何形式（如注意到圆月与挺松在形象上的区别），并在器皿制作、建筑设计及绘画装饰中加以再现。

- 金字塔建造需要数学，古埃及数学纸草书就记载有与金字塔有关的数学问题。

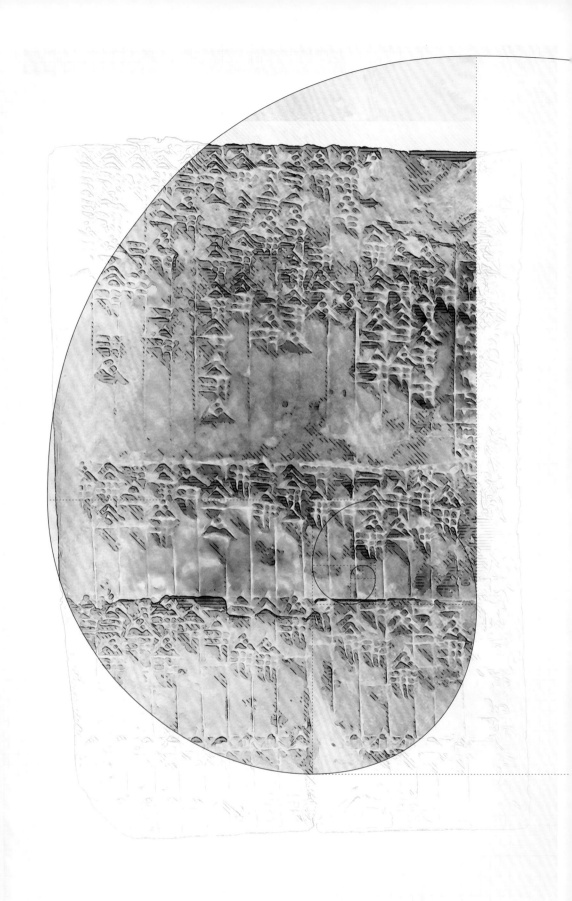

公元前2500年

公元前1400年

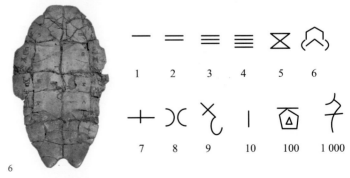

- 公元前2400—前1600年，早期巴比伦泥版文书记载有六十进位值制记数法，一元二次方程求解，面积、体积计算，勾股定理。

- 公元前1850—前1650年，纸草书是古埃及数学的主要史料，记载有十进制记数法，算术运算，分数，一次方程、面积、体积计算等数学知识。

公元前1400年

∠1
商高
约公元前 1050 年

∠2
泰勒斯
Thales of Miletus
约公元前 625—前 547

公元前500年

∠3
毕达哥拉斯
Pythagoras of Samos
约公元前 580—前 500

1

2

3

4

5

6

7

● 约 1050 年，中国商高："大哉言数"，勾股定理及其论证，勾股测量。《周髀算经》还记载了中国陈子（约公元前 600 年）对勾股定理一般形式的陈述。

● 约公元前 600 年，米利都的泰勒斯是迄今所知西方历史上第一位数学家，相传他开启了希腊数学命题论证的传统。

● 约公元前 565—前 485 年，释迦牟尼创立了佛教。

● 约公元前 540 年，希腊毕达哥拉斯学派：勾股定理、"万物皆数"、不可公度量（无理数）的发现。

● 约公元前 500 年，印度《绳法经》中记录了相当精确的 $\sqrt{2}$ 的值、勾股定理等。

● 约公元前 500 年，中国普及筹算，确立了世界上最早的十进位值制记数制度。

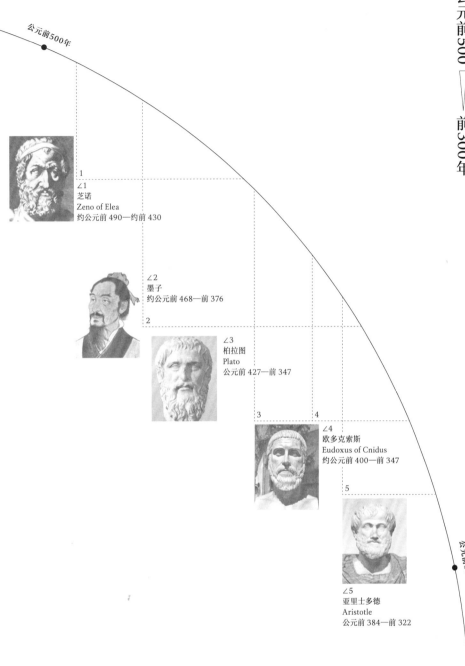

公元前500年

1

∠1
芝诺
Zeno of Elea
约公元前 490—约前 430

∠2
墨子
约公元前 468—前 376

2

∠3
柏拉图
Plato
公元前 427—前 347

3   4

∠4
欧多克索斯
Eudoxus of Cnidus
约公元前 400—前 347

5

公元前300年

∠5
亚里士多德
Aristotle
公元前 384—前 322

一

1 拉斐尔的著名油画
《雅典学院》

1

二

2 圆：一中同长也

2

三

3 两分法悖论
4 飞箭悖论
5 阿基里斯悖论
6 运动场悖论

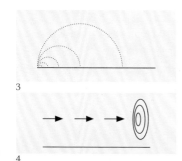

3

4

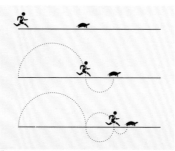

5

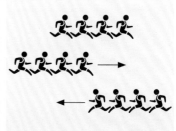

6

Ⅹ

7 希腊雅典帕特农神庙

7

一　文艺复兴时期画家拉斐尔的著名油画《雅典学院》是古希腊学术繁荣的艺术再现。

二　约公元前 460 年，希腊巧辩学派：几何作图的三大问题——三等分角问题、化圆为方问题和倍立方问题。

  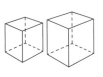

三　约公元前 450 年，中国墨子的《墨经》给出若干数学概念的定义，讨论了某些形式逻辑法则。

四　约公元前 450 年，希腊伊利亚学派的芝诺提出了四个著名的悖论。

数学与建筑

Ⅹ　约公元前 440 年，希腊雅典帕特农神庙，正面呈黄金矩形。从古希腊时代开始，数学的应用造就了古今中外无数雄伟壮丽的建筑。

⇑　公元前 380 年，希腊柏拉图提倡通过几何学习培养逻辑思维能力。

✛　约公元前 370 年，希腊欧多克索斯创立比例论，试图摆脱不可公度量引起的数学基础危机。

X　公元前 335 年，希腊亚里士多德建立形式逻辑。

公元前300年

| 1

∠1
欧几里得
Euclid of Alexandria
约公元前 300 年

公元前200年

一

1　《原本》抄本碎片（1 世纪）
2　欧几里得

1

2

二

3　镞矢之疾，而有不行、不止之时
4　飞鸟之景未尝动也
5　一尺之棰，日取其半，万世不竭

3

4

	1 尺
	第1次，截取一半，还余 $\frac{1}{2}$ 尺
	第2次，截取一半，还余 $\left(\frac{1}{2}\right)^2$ 尺
	第3次，截取一半，还余 $\left(\frac{1}{2}\right)^3$ 尺
	第4次，截取一半，还余 $\left(\frac{1}{2}\right)^4$ 尺
?	第x次，截取一半，还余 $\left(\frac{1}{2}\right)^x$ 尺

5

● 约公元前 300 年，希腊欧几里得的《原本》是用公理法建立演绎数学体系的最早典范。

● 公元前 300 年，中国战国时代名家"名辩"，与希腊芝诺悖论东西呼应。

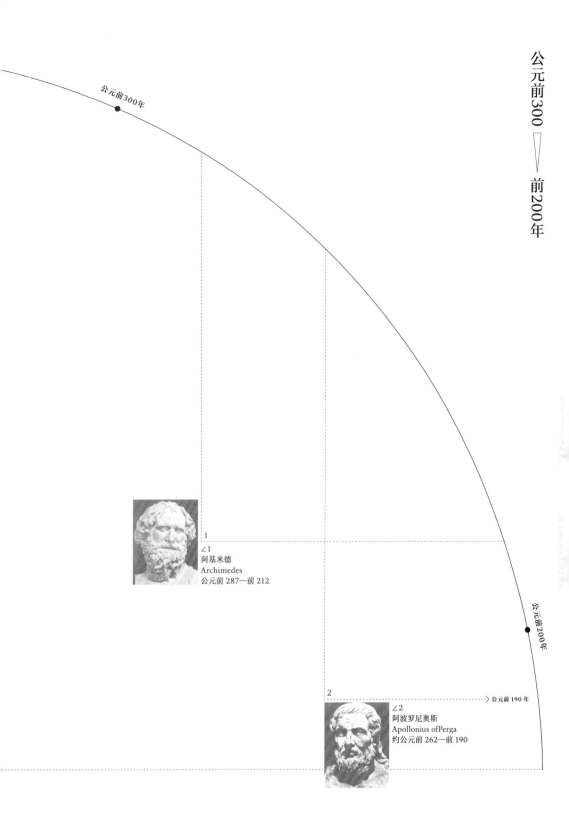

公元前300年

∠1
阿基米德
Archimedes
公元前 287—前 212

公元前200年

∠2
阿波罗尼奥斯
Apollonius of Perga
约公元前 262—前 190

公元前 190 年

1　阿基米德之死（仿古镶嵌画）
2　阿基米德

1

2

3　阿波罗尼奥斯
4　《圆锥曲线论》

3

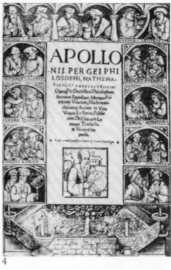

4

● 约公元前 250—前 212 年，希腊阿基米德确定了大量复杂几何图形的面积与体积，给出圆周率的上下界，提出了用力学方法推导问题的答案、极限与积分思想萌芽。

● 公元前 225 年，希腊阿波罗尼奥斯著《圆锥曲线论》，完整叙述了圆锥曲线的性质。

公元前200年

公元前100年

1 秦长城

1

2 《周髀算经》卷首

2

3 《九章算术》书影
4 《九章算术》中负数运算法则的记载

3   4

一 公元前 200 年前后，中国秦朝修筑长城。

二 约公元前 200 年，中国《周髀算经》成书，记载有分数运算、勾股定理及其在天文测量中的应用。

三 至迟公元前 100 年，中国《九章算术》成书，记载有线性方程组解法、负数及其运算法则、无理数的引进、比例算法、盈不足术、开方术、面积与体积计算等。

公元前100年

1
∠1
托勒密
Ptolemy
约 100—170

2
∠2
刘徽
约 263 年

300年

一

1 托勒密

童年   青年

结婚   生子

中年   老年

二

2 丢番图《算术》内封
3 丢番图的墓志铭用一个数学谜题描
   述了他的一生：其一生的六分之一
   是童年，十二分之一是青年时期，
   再过七分之一他举行了婚礼，婚后
   第五年生子，可怜孩子只活到父亲
   寿命的一半，丧子四年后丢番图也
   郁郁而终（许康 绘）

2   3

三

4 割圆术

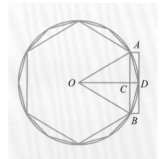

4

5 弦图
6 以赵爽弦图为原型的 2002 年北京
   国际数学家大会会标（李文林 设计）

5   6

一 约 150 年，希腊托勒密著《天文学大成》，发展了三角学，提出地心说。

二 约 250 年，希腊丢番图著《算术》，论述不定方程，创用早期代数符号。

三 263 年，中国刘徽注释《九章算术》，创割圆术计算圆周率，推导四面体及四棱锥体积、实数的十进小数表示等，蕴含极限思想。

四 3 世纪，中国赵爽注释《周髀算经》，给出证明勾股定理的弦图。

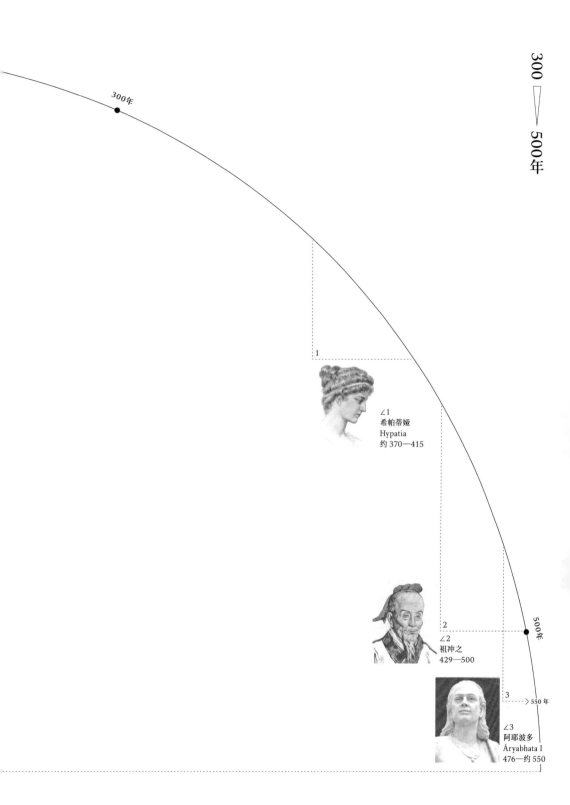

300年

1

∠1
希帕蒂娅
Hypatia
约 370—415

2

∠2
祖冲之
429—500

500年

3

550 年

∠3
阿耶波多
Āryabhata I
476—约 550

一

1 《数学汇编》

1

二

2 希帕蒂娅

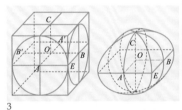

2

三

3 牟合方盖（刘徽、祖冲之父子计算
   球体积的几何图形）
4 张文新创作的油画《祖冲之与圆周
   率》（陈列于中国国家博物馆）

3

4

四

5 阿耶波多

5

● 约 320 年，古希腊最后一位重要的数学家亚历山大的帕普斯，其《数学汇编》总结古希腊各家的研究成果：帕普斯定理、旋转体体积计算法。

● 415 年，西方历史上第一位女数学家希帕蒂娅惨遭杀害，标志着古典希腊数学彻底落下帷幕。希帕蒂娅曾注释阿基米德、丢番图等人的著作。

● 462 年，中国祖冲之计算圆周率精确到 7 位小数，并得到密率 355/113；与其子祖暅创"幂势既同，则积不容异"原理（相当于西方的卡瓦列里原理），计算球体积。

● 499 年，印度阿耶波多著《阿耶波多历数书》，总结了当时印度的天文、算术、代数与三角学知识，计算圆周率 π=3.1416，创解不定方程的"库塔卡"方法。

500年

1

∠1
婆罗摩笈多
Brahmagupta
598—665

2

850年

∠2
花拉子米
al-Khwārizmī
约 783—850

1   婆罗摩笈多

2   阿拉伯智慧宫

● 628 年，印度婆罗摩笈多著《婆罗摩修正体系》，比较完整地叙述了正、负数运算法则及零的运算法则，推进二次不定方程的研究。

● 约 820 年，阿拉伯花拉子米著《还原与对消计算概要》（也称《代数学》），系统求解二次方程，引进移项和同类项合并等代数运算。

● 9 世纪初，阿拉伯在巴格达观象台附近设立智慧宫，成为学术研究和翻译机构，翻译了大量希腊以及东方的学术著作。

● 至晚到 9 世纪，印度使用包括零号的十进位值制数码，后经阿拉伯地区传至欧洲，称印度–阿拉伯数码。

850年

1
∠1
奥马·海亚姆
Omar Khayyam
约 1048—1131

1200年

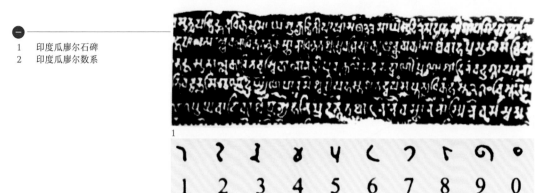

一
1　印度瓜廖尔石碑
2　印度瓜廖尔数系

二
3　奥马·海亚姆
4　奥马·海亚姆之墓

三
5　《莉拉沃蒂》中译本
6　《莉拉沃蒂》节选

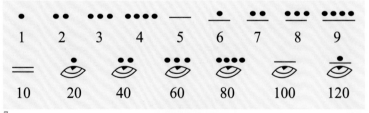

四
7　玛雅人的二十进位值制记数法
8　奇琴伊察玛雅天文台

● 876 年，印度中央邦西北地区的瓜廖尔石碑上明确记载有零号 "0"，零号的系统使用是印度数学的一大贡献。

● 1100 年，阿拉伯奥马·海亚姆首创用圆锥曲线的交点来表示三次方程的根。

● 12 世纪，印度婆什迦罗著《莉拉沃蒂》，给出二次不定方程 $ax^2+1=y^2$ 的一般解法，制定正弦函数表，陈述正、负数运算法则，引进无理数。

● 11—12 世纪，玛雅人的手稿和石刻中记载有丰富的天文历法和数学知识，玛雅文明可追溯到公元前 2500 年，3—9 世纪为其鼎盛期。

1200年

1170年 ∧

∠1
斐波那契
L. Fibonacci
约 1170—1250

1

2

∠2
秦九韶
约 1202—1261

1300年

一

1　《计算之书》的一页
2　斐波那契

1　　　　　2

二

3　《数书九章》首页书影
4　秦九韶雕像（中国四川安岳
　　秦九韶纪念馆）

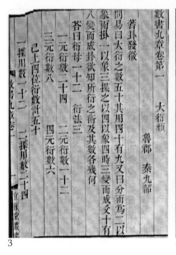

3　　　　　4

三

5　用天元符号表示的方程
　　$25x^2+280x-6905=0$

或

5

● 1202 年，意大利比萨的斐波那契著《计算之书》（亦译作《算经》），向欧洲系统介绍印度 - 阿拉伯数码及整数、分数的各种算法，提出斐波那契数列，为古代与中世纪东西方数学的合金。

● 1247 年，中国秦九韶写成《数书九章》，创立解一次同余式的"大衍求一术"（即中国剩余定理）和求高次方程数值解的"正负开方术"。

● 1248 年，中国李冶著《测圆海镜》，系统论述天元术（用文字记号表示未知数，进而列方程、解方程的方法）。

増乘方求廉法草曰釋頭末廉本兼列所開方數如前五乘方列五位

照年位外以陽算一自下增入前位至首位而止首位得六即二位得

五第三位得四第四位得三下一位得二復以陽算如前陞增遞低一

位求之。

　求第二位

六〇舊數

五加一而止四加六為十三加三為六二

　求第三位

十五五舊數

十加十而止六加四為十三加一為三

　求第四位

十五五舊數

十加十而止六加四為十三加一為四

右陽

右廉

右隅

　一
　一　二
　一　三　三
一　四　六　四　一
一　五　十　十　五　一
一　六　十五　廿　十五　六　一

左來乃積數

右來乃陽算

以陽算

中藏者皆廉

以廉求商方

命實而除之

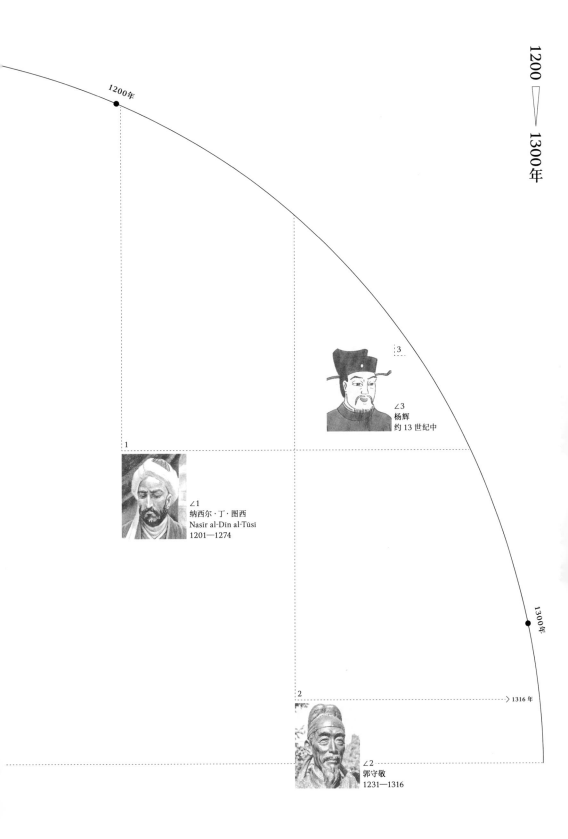

1200年

1

∠1
纳西尔·丁·图西
Nasir al-Dīn al-Tūsī
1201—1274

3

∠3
杨辉
约 13 世纪中

1300年

2

> 1316 年

∠2
郭守敬
1231—1316

1 《永乐大典》中的贾宪（杨辉）三角
（现藏英国剑桥大学图书馆）

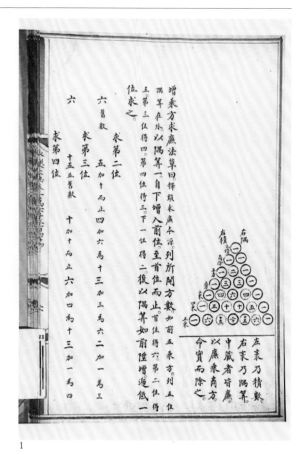

1

2 元代郭守敬观星台遗址
（中国河南登封）

2

● 1250 年，阿拉伯纳西尔·丁·图西的工作使三角学开始脱离天文学而独立，他将欧几里得《原本》译为阿拉伯文，并讨论了平行公理。

● 1261 年，中国杨辉著《详解九章算法》，记载了贾宪（约1050 年）三角，即二项展开系数表，亦称杨辉三角，西方称帕斯卡三角。

● 1280 年，中国郭守敬等编写《授时历》，创"招差术"（三次插值公式），推算日、月、五星的非匀速运动。

1300年

1

∠1
朱世杰
约1300年

2

∠2
奥雷斯姆
N. Oresme
约1323—1382

1400年

1   清明上河图中的算盘场景

1

2   《四元玉鉴》(清代抄本)
3   朱世杰

2

3

● 14 世纪，珠算在中国普及。

● 1303 年，中国朱世杰著《四元玉鉴》，将天元术推广为四元术，创多元高次代数方程消元算法，研究高阶等差数列和四次插值公式。

● 约 1360 年，法国奥雷斯姆著《论形态幅度》，研究变化与变化率，创图线原理，为坐标几何之先声。

1400—1500年

1400年

1380年

1

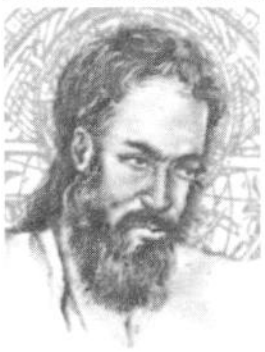

∠1
阿尔·卡西
Al-Kāshī
约 1380—1429

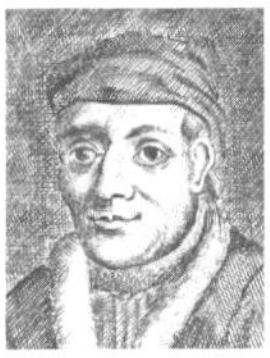

2

∠2
雷格蒙塔努斯
J. Regiomontanus
1436—1476

1500年

3

1517年

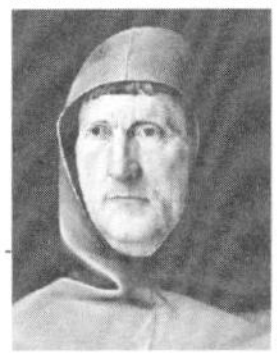

∠3
帕乔利
L. Pacioli
约 1445—1517

1 撒马尔罕兀鲁伯天文台复原图，
   15 世纪阿拉伯世界科学中心，阿
   尔·卡西长期工作的地方
2 撒马尔罕兀鲁伯天文台遗址

1

2

3 《原本》的第一个印刷本

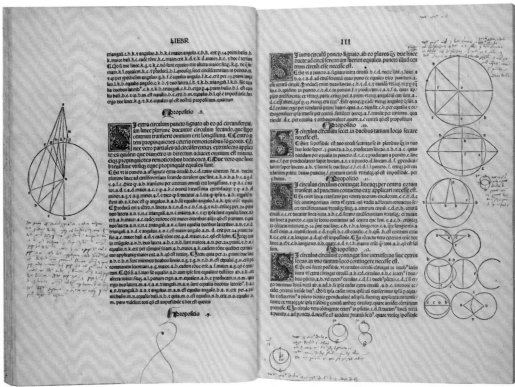

3

● 1427 年，阿拉伯阿尔·卡西著《算术之钥》，系统论述算术、代数的原理、方法；并在《圆周论》中求出圆周率小数值的 17 位准确数字。

● 1464 年，德国雷格蒙塔努斯所著的《论各种三角形》是欧洲第一本系统三角学著作，为用近代方法研究三角学的开端。

● 1482 年，欧几里得《原本》的第一个印刷本在威尼斯出版。

● 1494 年，意大利帕乔利所著的《算术、几何、比与比例集成》是中世纪以来欧洲第一本内容全面的算术书，讨论了赌金分配等概率问题。

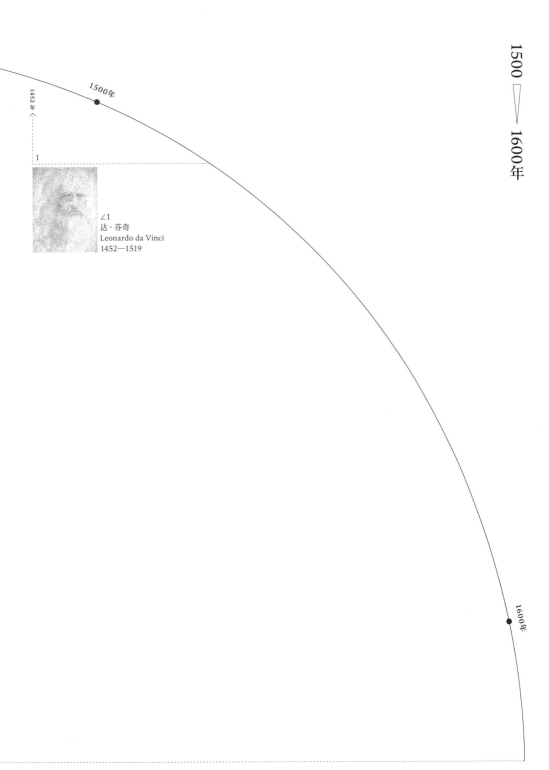

1500年

1452年 ←

1

∠1
达·芬奇
Leonardo da Vinci
1452—1519

1600年

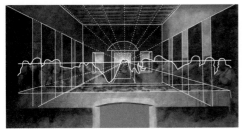

文艺复兴时期的名画《最后的晚餐》

1 透视原理
2 达·芬奇
3 丢勒著作中的透视画法

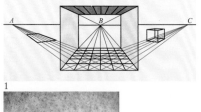

中世纪与文艺复兴时期绘画作品透视效果对比

4 中世纪油画
5 英国画家科尔比透视著作（1754年）卷首插画（威廉·贺加斯作），说明不遵循科学透视原理的绘画之荒谬
6 运用正确透视原理的后文艺复兴时期油画

数学之美——透视与绘画

● 文艺复兴时期透视学的应用，产生了一幅又一幅传世名画。

● 1525 年，德国丢勒著《度量艺术教程》，刻画了透视画法。该技巧可以追溯到意大利阿尔贝蒂和达·芬奇。

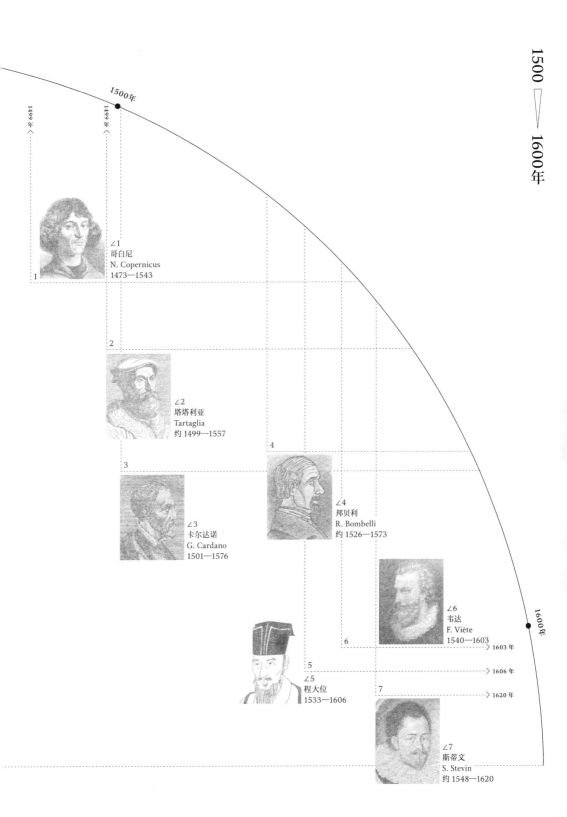

1499年
1499年
1500年

∠1
哥白尼
N. Copernicus
1473—1543

1

2

∠2
塔塔利亚
Tartaglia
约 1499—1557

3

4

∠3
卡尔达诺
G. Cardano
1501—1576

∠4
邦贝利
R. Bombelli
约 1526—1573

∠6
韦达
F. Viète
1540—1603

1600年

6

5

∠5
程大位
1533—1606

7

1603 年
1606 年
1620 年

∠7
斯蒂文
S. Stevin
约 1548—1620

● 1543 年，波兰哥白尼著《天体运行论》，提出日心说。

● 1545 年，意大利卡尔达诺的《大法》出版，载述了分别由塔塔利亚、费拉里首先发现的三、四次方程的代数公式解法，讨论了三次方程的"不可约"（虚数）情形。

● 1572 年，意大利邦贝利在《代数》中引入虚数单位，系统使用复数求解三次代数方程。

● 1585 年，荷兰斯蒂文著《十进算术》，在西方学界首创十进分数（小数）记法。

● 1591 年，法国韦达的《分析引论》出版，引入大量代数符号，为符号代数学奠定基础。

● 1592 年，中国程大位完成《算法统宗》，详述算盘用法，载有大量运算口诀。该书于明末传入日本、朝鲜。

1600—1700年

1600年

1550年

1564年

1571年

1

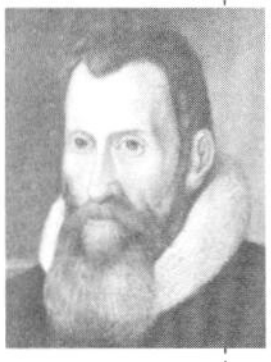

∠1
纳皮尔
J. Napier
1550—1617

3

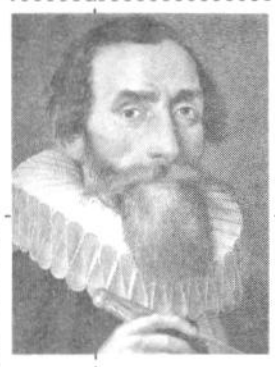

∠3
开普勒
J. Kepler
1571—1630

2

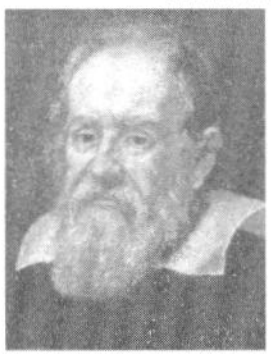

∠2
伽利略
Galileo Galilei
1564—1642

4

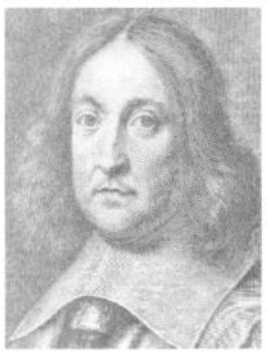

∠4
费马
P. de Fermat
1601—1665

1700年

1 开普勒关于太阳系的多面体模型
2 开普勒

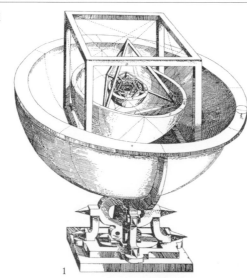

2

3 纳皮尔
4 费马

3

4

5 宗教裁判所审判伽利略 (油画)

5

● 1609 年，德国开普勒出版《新天文学》，提出行星运动三大定律。

● 1615 年，开普勒发表《测量酒桶的新立体几何》，建立旋转体体积积分法，为阿基米德求积方法向近代积分法的过渡。

● 1614 年，英国纳皮尔出版《奇妙的对数法则说明书》，创立对数理论。

● 1629 年，法国费马得到解析几何学要旨，掌握求极大、极小值方法。

● 1637 年，费马提出费马大定理。

● 1632 年，意大利伽利略出版《关于托勒密和哥白尼两大世界体系的对话》。

● 1638 年，伽利略出版《关于两门新科学的对话》。

LA GEOMETRIE.

LIVRE PREMIER.

Des problesmes qu'on peut construire sans
y employer que des cercles & des
lignes droites.

Tous les Problesmes de Geometrie se
peuuent facileuent reduire a tels termes,
qu'il n'est besoin par aprés que de connoi-
stre la longeur de quelques lignes droites,
pour les construire.

Et comme toute l'Arithmetique n'est composée, que
de quatre ou cinq operations, qui sont l'Addition, la
Soustraction, la Multiplication, la Diuision, & l'Extra-
ction des racines, qu'on peut prendre pour vne espece
de Diuision : Ainsi n'at'on autre chose a faire en Geo-
metrie touchant les lignes qu'on cherche, pour les pre-
parer a estre connuës, que leur en adiouster d'autres, ou
en oster, Oubien en ayant vne, que ie nommeray l'vnité
pour la rapporter d'autant mieux aux nombres , & qui
peut ordinairement estre prise a discretion, puis en ayant
encore deux autres, en trouuer vne quatriesme, qui soit
à l'vne de ces deux, comme l'autre est a l'vnité, ce qui est
le mesme que la Multiplication, oubien en trouuer vne
quatriesme, qui soit a l'vne de ces deux, comme l'vnité

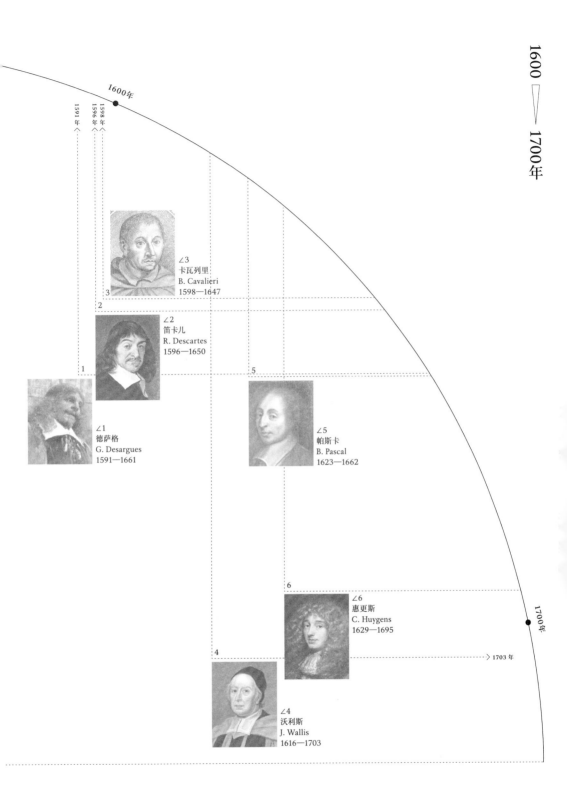

1600年

1591 年
1598 年
1596 年

∠3
卡瓦列里
B. Cavalieri
1598—1647
3

2

∠2
笛卡儿
R. Descartes
1596—1650

1

∠1
德萨格
G. Desargues
1591—1661

5

∠5
帕斯卡
B. Pascal
1623—1662

6

∠6
惠更斯
C. Huygens
1629—1695

4

∠4
沃利斯
J. Wallis
1616—1703

1700年

1703 年

1　笛卡儿诞生 400 周年纪念邮票
2　笛卡儿的《几何学》首版书影

1

3　帕斯卡
4　帕斯卡的加减法机械计算机

3

4

一 1635 年，意大利卡瓦列里建立了"不可分量原理"，是微积分的先驱性工作之一。

二 1637 年，法国笛卡儿的《几何学》出版，创立解析几何学。

三 1639 年，法国德萨格著《试论锥面截一平面所得结果的初稿》，是射影几何学的先驱。

亖 1640 年，法国帕斯卡所著的《圆锥曲线论》是射影几何学的早期著作。

Ⅹ 1642 年，帕斯卡发明能作加减法的机械计算机。

仐 1655 年，英国沃利斯著《无穷算术》，导入无穷级数与无穷乘积，首创无穷大符号∞。

十 1657 年，荷兰惠更斯著《论赌博中的计算》，是概率论的早期著作。

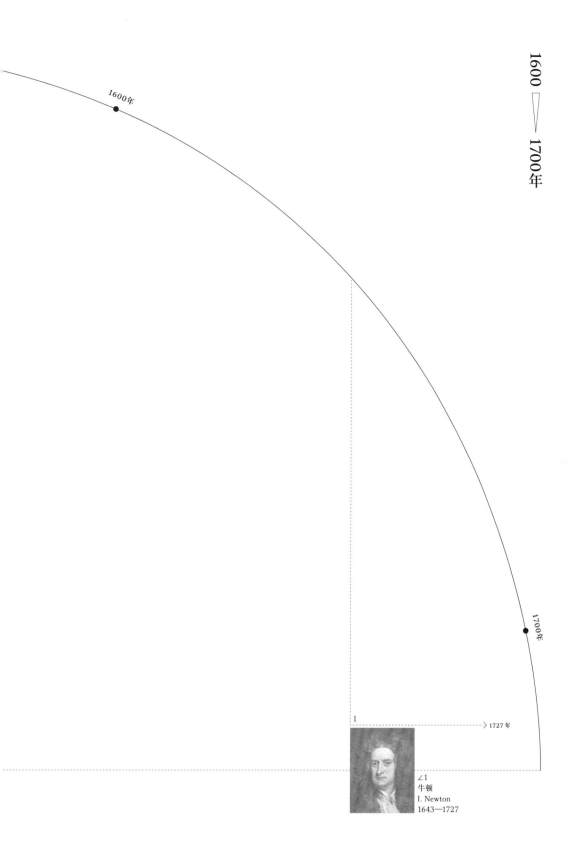

1600年

1700年

1

1727 年

∠1
牛顿
I. Newton
1643—1727

牛顿故居：英国林肯郡伍尔索普霍普村

微积分的创立

一 1666 年，英国牛顿完成《流数简论》手稿，建立微积分基本定理，标志着微积分学的诞生。

> 在一切理论成就中，未必再有什么像 17 世纪下半叶微积分的发明那样被看作人类精神的最高胜利了。
>
> ——恩格斯

二 1704 年，牛顿完成《三次曲线枚举》，发展解析几何。

三 1707 年，牛顿完成了《普遍算术》，取得许多代数方程论的成果。

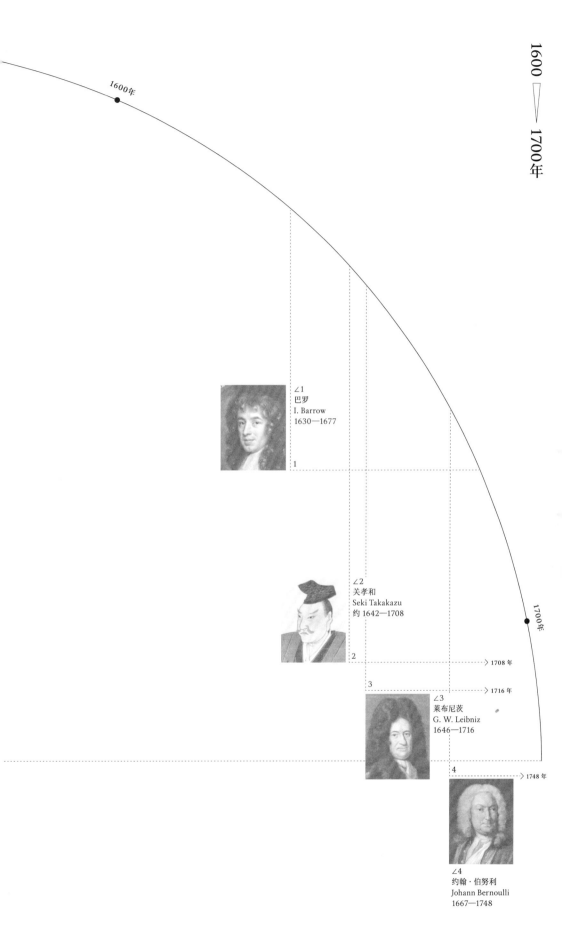

1600年

1700年

∠1
巴罗
I. Barrow
1630—1677

1

∠2
关孝和
Seki Takakazu
约 1642—1708

2

⟩ 1708 年

3

⟩ 1716 年

∠3
莱布尼茨
G. W. Leibniz
1646—1716

4

⟩ 1748 年

∠4
约翰·伯努利
Johann Bernoulli
1667—1748

1 莱布尼茨
2 莱布尼茨手稿

1

2

3 关孝和著作《括要算法》中球体积
　计算示意图
4 关孝和

3

4

5 约翰·伯努利
6 最速降线示意图

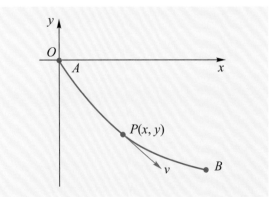

5

6

● 1666 年，德国莱布尼茨写成的《组合艺术》孕育数理逻辑思想。

● 1674 年，莱布尼茨制造了能进行加、减、乘、除运算的计算机。

● 1669 年，英国巴罗著《几何学讲义》，阐述"微分三角形"概念。

● 约 1680 年，日本关孝和始创日本和算，引入行列式概念，开创"圆理"研究，蕴含微积分思想。

微积分的创立

● 1684 年，莱布尼茨发表第一篇微分学论文《一种求极大与极小值和求切线的新方法》。

● 1686 年，莱布尼茨发表第一篇积分学论文，独立于牛顿创立微积分，其创用的微分与积分符号沿用至今。

● 1696 年，瑞士约翰·伯努利提出最速降线问题，引导了变分法的产生。

PHILOSOPHIÆ

NATURALIS

PRINCIPIA

MATHEMATICA

Autore JS. NEWTON, Trin. Coll. Cantab. Soc. Mathefeos
Profeffore Lucafiano, & Societatis Regalis Sodale.

et Societatis Regiæ hos a hoc

IMPRIMATUR.

PEPYS, Reg. Soc. PRÆSE S.

Julii 5. 1686.

LONDINI

Juffu Societatis Regiæ ac Typis Jofephi Streater. Proftat apud
plures Bibliopolas. Anno MDCLXXXVII.

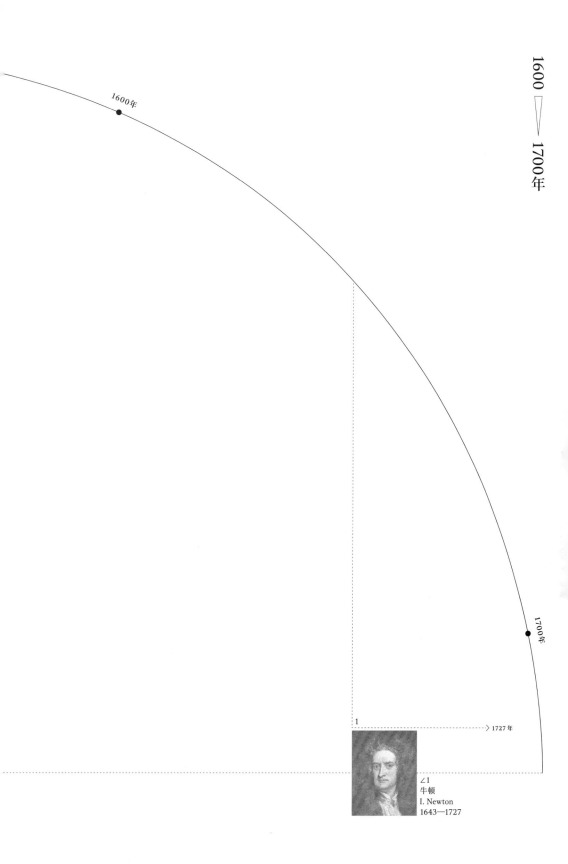

1600年

1700年

1

> 1727 年

∠1
牛顿
I. Newton
1643—1727

1 《自然哲学的数学原理》
2 《自然哲学的数学原理》第一版留
有牛顿修改手迹的书页（现藏剑桥
大学三一学院图书馆）

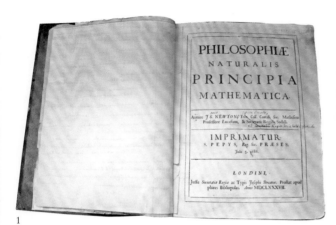

1

2

3 1987 年，英国发行了一套为纪念
《自然哲学的数学原理》出版 300
周年的邮票

3

4 剑桥大学三一学院是牛顿曾经工
作、学习和生活的地方（远处大门
左边二层窗内为牛顿曾经居住的房
间）
5 剑桥大学数学桥
6 三一学院里的牛顿雕像

4

5

6

● 1687 年，牛顿的《自然哲学的数学原理》出版，建立力学演绎体系，运用微积分工具严密推导并证明行星运动定律，研究流体运动、声、光、潮汐、彗星乃至宇宙体系；首次以几何形式发表其流数术（微积分）。

如果我看得比别人更远些，那是因为我站在巨人的肩膀上。

——牛顿

除了顽强的毅力和失眠的习惯，牛顿不承认自己与常人有什么区别。

——惠威尔

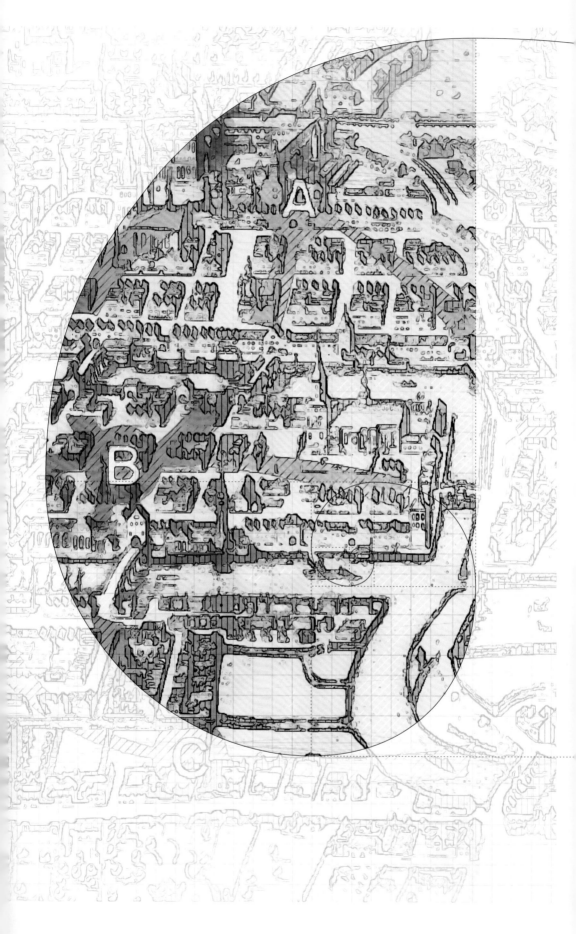

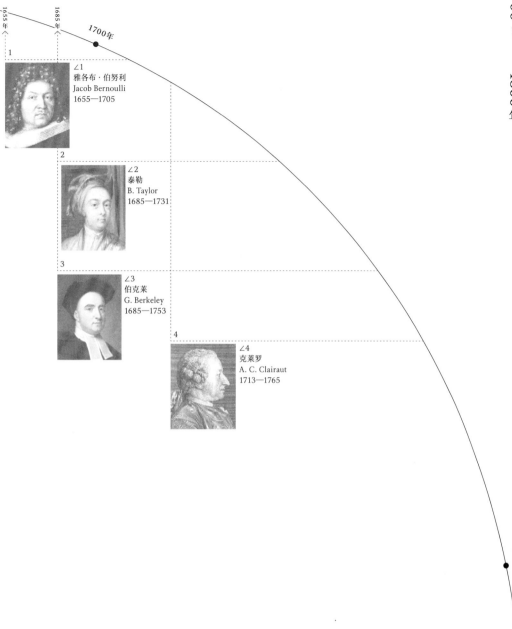

1655年

1685年

1700年

1

∠1
雅各布·伯努利
Jacob Bernoulli
1655—1705

2

∠2
泰勒
B. Taylor
1685—1731

3

∠3
伯克莱
G. Berkeley
1685—1753

4

∠4
克莱罗
A. C. Clairaut
1713—1765

1800年

1　雅各布·伯努利

1

2　一个步行者是否能既不重复又不遗漏地一次走过七座桥，最后回到出发点

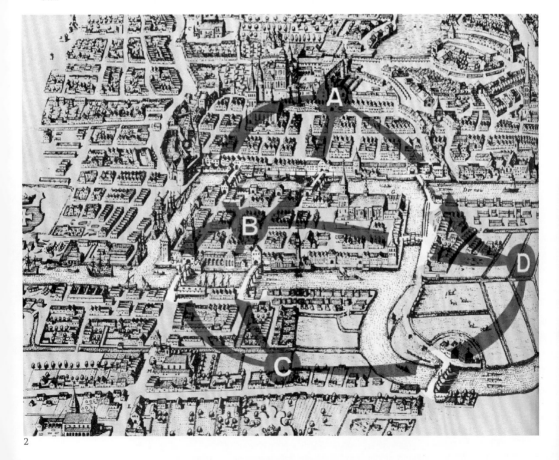

2

① 1713 年，瑞士雅各布·伯努利的《猜测术》出版，其中载有伯努利大数定律。

② 1715 年，英国泰勒著《正的和反的增量方法》，提出研究函数局部性质的基本工具——泰勒公式。

③ 1731 年，法国克莱罗著《关于双重曲率曲线的研究》，开创了空间曲线的理论。

④ 1734 年，英国伯克莱著《分析学家》，刺激了微积分基础的严密化。

⑩ 1736 年，瑞士欧拉解决了哥尼斯堡七桥问题，是图论和拓扑学的开端。

1700年

1

∠1
欧拉
L. Euler
1707—1783

1800年

1

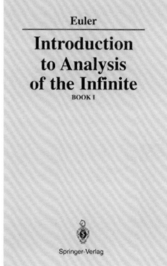
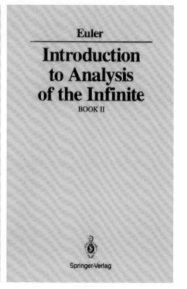

2

● 1743 年，欧拉给出 n 阶常系数线性齐次常微分方程的完整解法。

● 1744 年, 欧拉的《求某种具有极大或极小性质的曲线的技巧》出版, 变分法作为一个新的数学分支诞生。

● 1748 年，欧拉的《无限小分析引论》出版，与后来发表的《微分学》(1755)、《积分学》(1770) 一起，标志着微积分发展进入新阶段。欧拉是牛顿、莱布尼茨之后发展微积分贡献最卓著的数学家，有"分析化身"之誉。同时，欧拉也是迄今最多产的数学家，其全集已出版 80 卷。

● 1750 年, 欧拉给出了多面体公式 $V-E+F=2$。

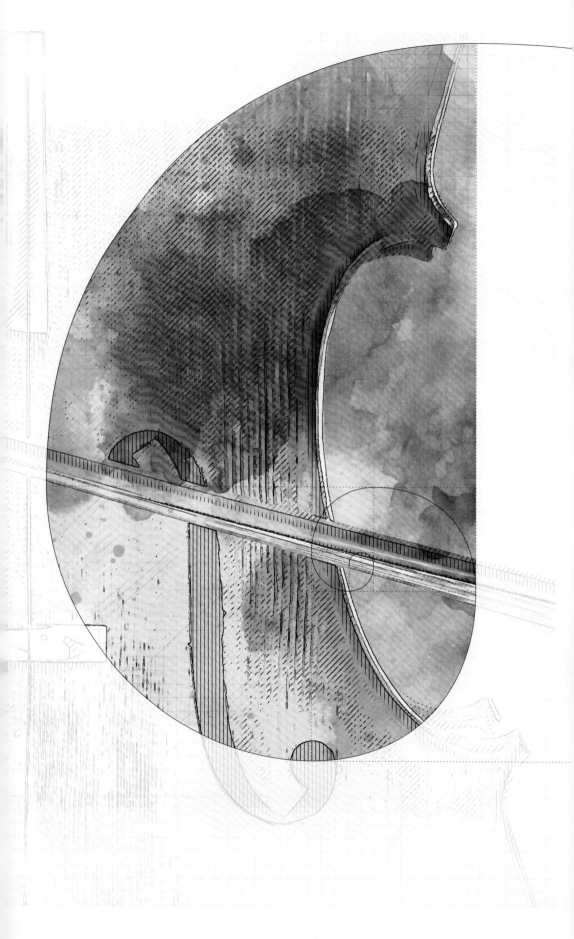

1700年

∠1
达朗贝尔
J. L. R. d' Alembert
1 1717—1783

∠2
拉格朗日
J. L. Lagrange
2 1736—1813

3

1800年

1813 年

1818 年

∠3
蒙日
G. Monge
1746—1818

1　小提琴的琴弓与弦

1

2　达朗贝尔
3　拉格朗日

2

3

数学与音乐

一 弦振动的研究由来已久，欧洲数学家在欣赏小提琴演奏时发现：琴弓所接触的只是琴弦的一小段，但振动会传播到整根弦。

二 1747 年，法国达朗贝尔发表了《张紧的弦振动时形成的曲线的研究》，为偏微分方程研究的发端。

三 1770 年，法国拉格朗日发表了论文《关于代数方程解的思考》，为置换群论的先导。

四 1788 年，拉格朗日的《分析力学》出版，将力学分析化，系统总结了变分法的成果。

五 1797 年，拉格朗日的《解析函数论》出版。

六 1795 年，法国蒙日发表了历史上第一部系统的微分几何著作《关于分析的几何应用的活页论文》。

七 1799 年，蒙日的《画法几何学》出版，随后画法几何成为几何学的一个专门分支。

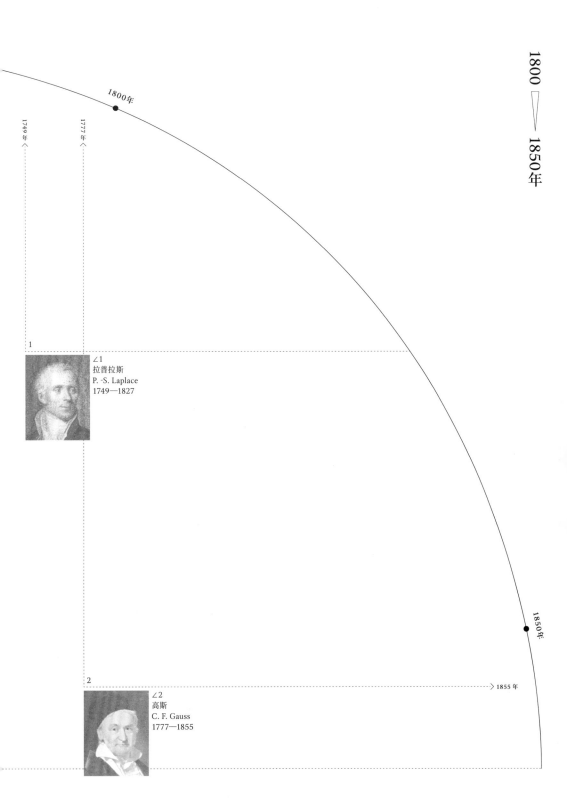

1800年

1749年

1777年

1

∠1
拉普拉斯
P. -S. Laplace
1749—1827

1850年

2

1855年

∠2
高斯
C. F. Gauss
1777—1855

1   正 17 边形作图

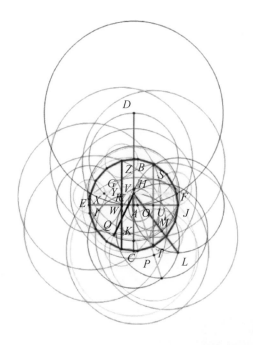

1

2   谷神星

2

3   拉普拉斯

3

- 1796 年，德国高斯解决了正 17 边形尺规作图问题。1799 年，高斯的博士论文给出代数基本定理的第一个证明。

数学与天文

- 1801 年，高斯创最小二乘法并成功用于预测第一颗小行星"谷神星"的位置，成为数学应用的历史例证之一。

> 数学是科学的皇后。
>
> ——高斯

- 1801 年，高斯发表《算术研究》，被视为近代代数数论的起点。
- 1813 年起，高斯发展了非欧几何。
- 1828 年，高斯出版《关于曲面的一般研究》，开创了曲面的内蕴几何学。
- 1839 年，高斯发表了关于位势理论方面的著作。

- 1799—1825 年，法国拉普拉斯的《天体力学》(共 5 卷)出版，包含太阳系力学问题的分析解答，以及许多重要的数学贡献（拉普拉斯方程、位势函数等）。
- 1812 年，拉普拉斯出版《概率的分析理论》，提出概率的古典定义，将分析工具引入概率论。

ANNALES

DE

MATHÉMATIQUES

PURES ET APPLIQUÉES.

RECUEIL PÉRIODIQUE,

RÉDIGÉ

par J. D. GERGONNE et J. E. THOMAS-LAVERNÈDE.

TOME PREMIER.

A NISMES,

DE L'IMPRIMERIE DE LA VEUVE BELLE.

Et se trouve à PARIS, chez COURCIER, imprimeur-libraire pour les Mathématiques, quai des Augustins, n.° 5.

1810 et 1811.

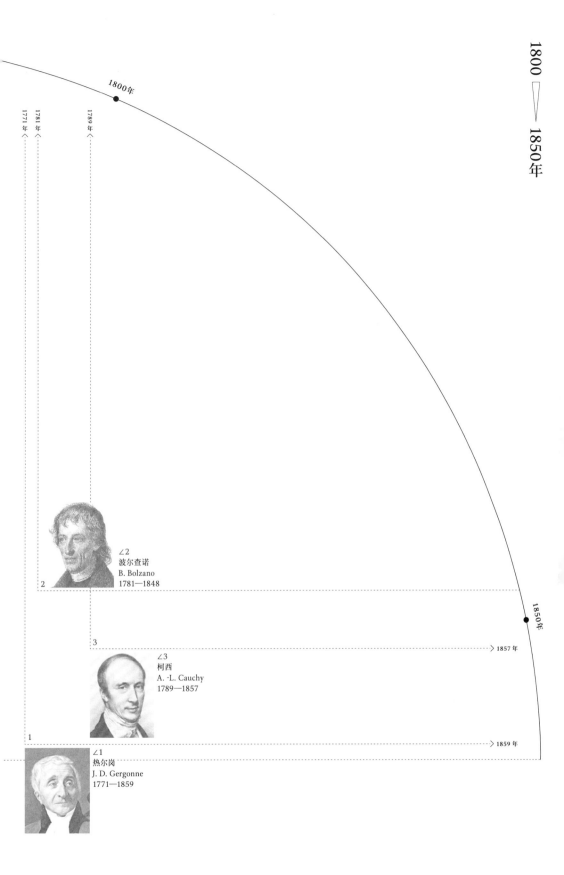

1800年

1781年

1771年

1789年

∠2
波尔查诺
B. Bolzano
1781—1848

3

∠3
柯西
A. -L. Cauchy
1789—1857

1857 年

1850年

∠1
热尔岗
J. D. Gergonne
1771—1859

1859 年

1

2

3

- 1810 年，法国热尔岗创办《纯粹与应用数学年刊》，这是最早的专门数学期刊。

- 1813 年，法国柯西完成《关于积分限为虚数的定积分的报告》，开创复变函数论研究。

- 1821 年，柯西为巴黎综合工科学校所写的《分析教程》出版，提出现代极限概念，初步为分析学建立严格基础。

- 1840 年，柯西证明了微分方程初值问题解的存在性。

- 1817 年，捷克牧师波尔查诺出版《纯粹分析证明》，给出了连续性和导数的恰当定义、一般级数收敛性的判别准则、连续函数的中值定理。

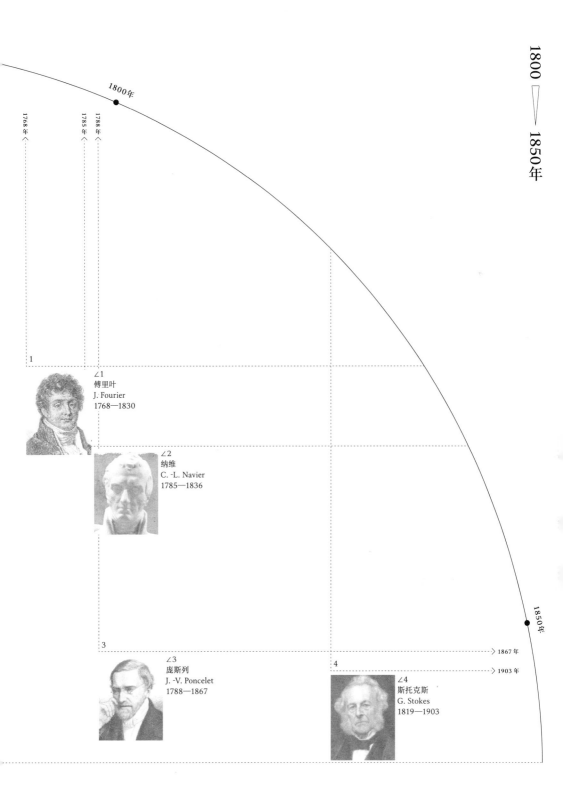

1800年

1768年 〈

1785年 〈

1788年 〈

1

∠1
傅里叶
J. Fourier
1768—1830

∠2
纳维
C. -L. Navier
1785—1836

3

∠3
庞斯列
J. -V. Poncelet
1788—1867

1850年

4

1867 年 〉

1903 年 〉

∠4
斯托克斯
G. Stokes
1819—1903

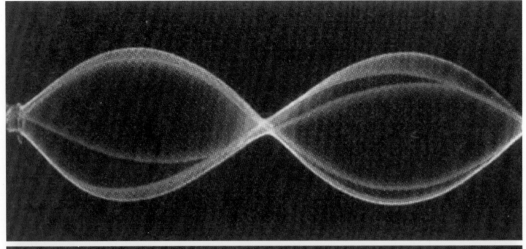

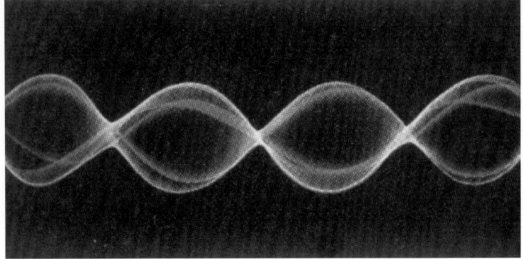

1

2

数学与音乐

- 法国傅里叶首先证明了所有的音乐和声都能用数学表达式来描述，它们是一些简单的正弦周期函数的和，即傅里叶级数。

> 对自然界的深刻探究是数学最丰富的源泉。
>
> ——傅里叶

纳维–斯托克斯方程

- 1821 年，法国纳维将欧拉关于流体运动的方程推广到考虑黏性系数的情形。
- 1849 年，英国斯托克斯改进纳维的工作，形成纳维–斯托克斯方程。

- 1822 年，傅里叶出版《热的解析理论》，开创数学物理研究的新篇章，其中包括他在 1807 年得到的关于傅里叶级数与傅里叶积分的结果。

- 1822 年，法国庞斯列出版《论图形的射影性质》，奠定了射影几何学的基础。

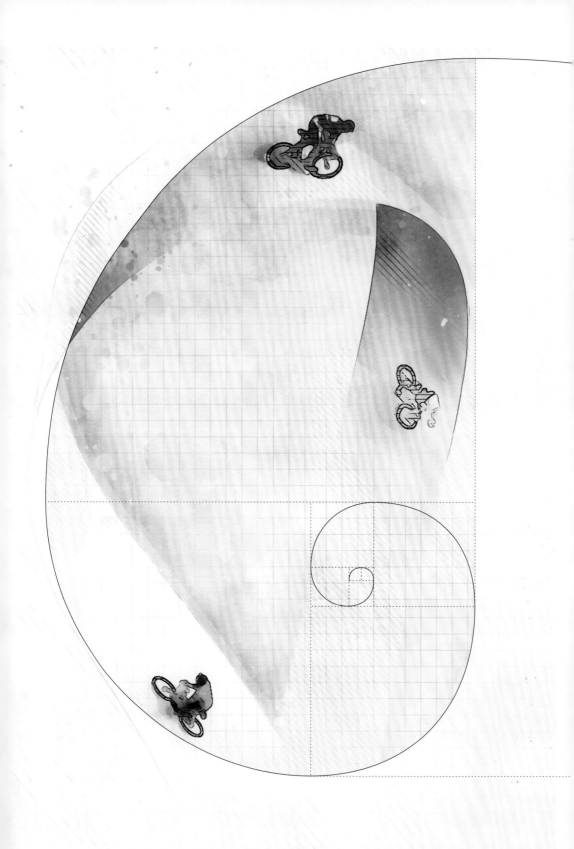

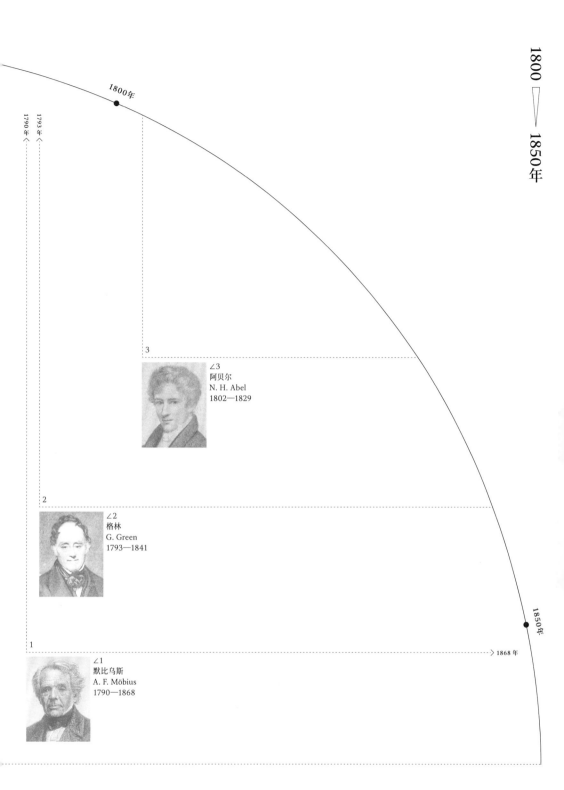

1800年

1793 年 ‹
1790 年 ‹

3

∠3
阿贝尔
N. H. Abel
1802—1829

2

∠2
格林
G. Green
1793—1841

1850年

1

> 1868 年

∠1
默比乌斯
A. F. Möbius
1790—1868

1　阿贝尔纪念邮票

1

2　默比乌斯带

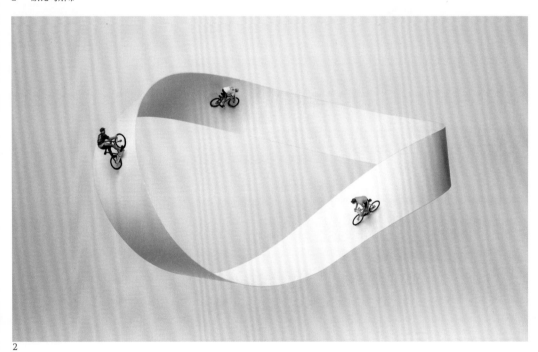

2

● 1824 年，挪威阿贝尔证明了一般五次方程不可能用根式求解。他所著的《关于很广一类超越函数的一个一般性质》开创了椭圆函数论研究，其中阿贝尔函数和阿贝尔积分后以他的名字命名。

● 1827 年，德国默比乌斯著《重心计算》，引进齐次坐标，开辟了射影几何的代数方向。

● 1858 年，默比乌斯发现单侧曲面（默比乌斯带）。

● 1828 年，磨坊工出身的英国数学家格林著《关于数学分析应用于电磁学理论》，发展了位势理论。

1800—1850年

1800年

2

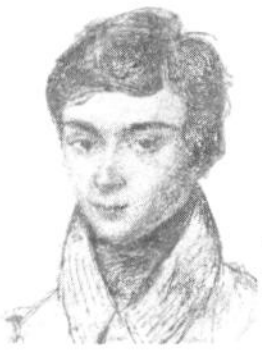

∠2
伽罗瓦
É. Galois
1811—1832

1850年

1

1851 年

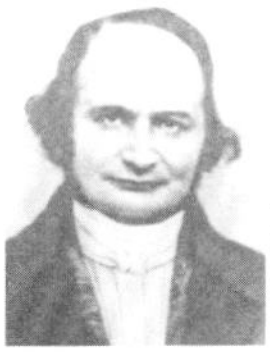

∠1
雅可比
C. G. J. Jacobi
1804—1851

1　伽罗瓦遗书：1832 年 5 月末，伽罗瓦死于一场决斗，时年不到 21 岁。在决斗前夕，伽罗瓦奋笔疾书，写下了著名的遗书。他在遗书中概述了自己短促一生中做出的数学成果，并要求高斯、雅可比不是就这些定理的正确性而是关于它们的重要性公开发表他们的意见。

2　伽罗瓦

1

2

3　哥廷根大学的高斯、韦伯雕像

3

一 1829—1831 年，法国伽罗瓦彻底解决了方程根式可解性的判别，并引进了群的概念，对代数学的抽象化影响深远。群也是描述对称现象的有力数学工具。

二 1829 年，德国雅可比出版《椭圆函数论新基础》，是椭圆函数理论的奠基性著作。

三 1833 年，高斯与物理学家韦伯合作发明电报。除了电磁学，高斯在应用方面的贡献还涉及天文学、测地学等众多领域。

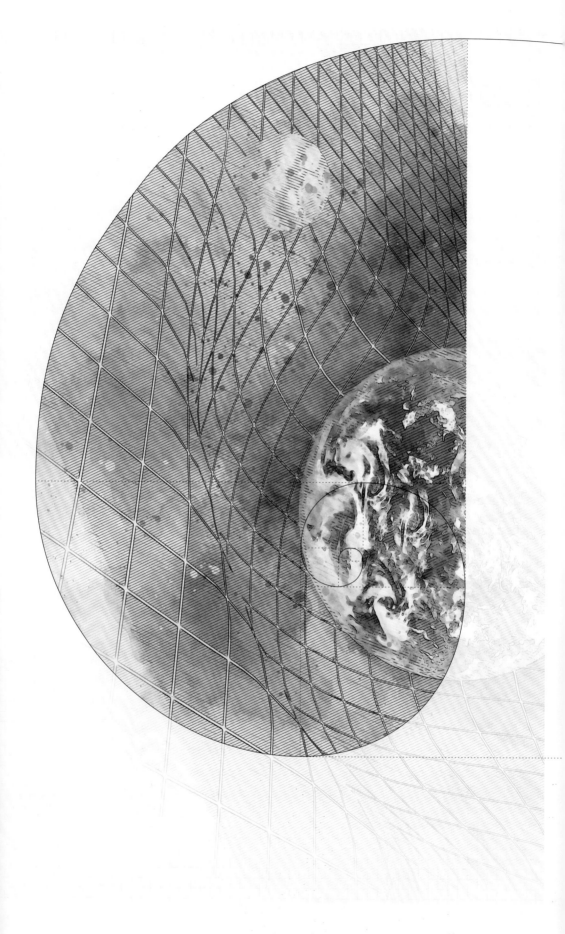

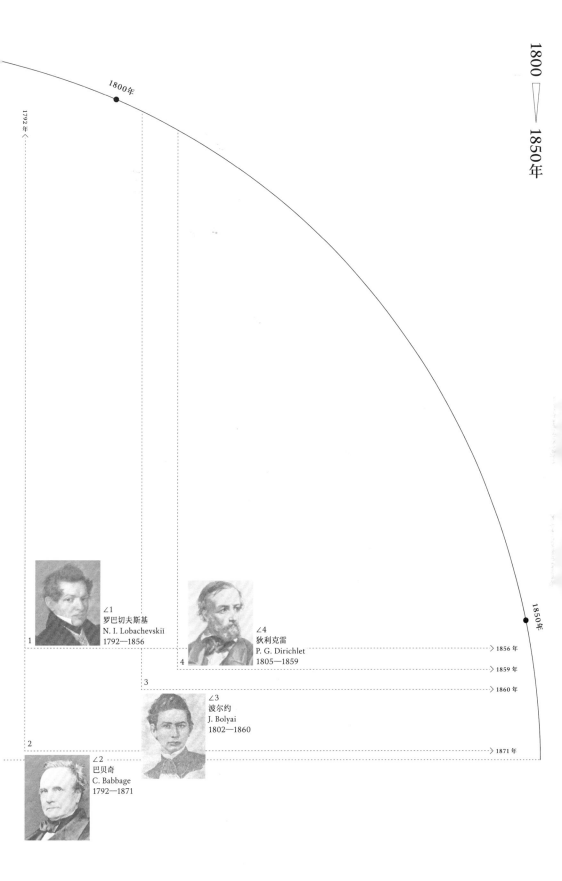

1800
1850年

1800年

1792年

∠1
罗巴切夫斯基
N. I. Lobachevskii
1792—1856

∠4
狄利克雷
P. G. Dirichlet
1805—1859

∠3
波尔约
J. Bolyai
1802—1860

∠2
巴贝奇
C. Babbage
1792—1871

1850年

1856 年
1859 年
1860 年

1871 年

1　非欧几何——弯曲空间的数学模型
2　罗巴切夫斯基

1

2

3　巴贝奇的分析机模型

3

4　狄利克雷 L 函数

$$L(s, \chi) = \sum_{n=1}^{\infty} \frac{\chi(n)}{n^s}$$

4

非欧几何的诞生

- 1829 年，俄国罗巴切夫斯基发表最早的非欧几何学著作《论几何原理》。

- 1832 年，匈牙利波尔约发表《绝对空间的科学》，独立提出了非欧几何的思想。

- 高斯最初把自己发现的非欧几何称为"星空几何"。罗巴切夫斯基面对众人的反对与嘲笑，坚信自己发现的新几何学终有一天"可以像其他物理定律一样用实验来验证"。

- 20 世纪广义相对论的建立终于揭示了非欧几何的现实意义!

- 1834 年，英国巴贝奇完成"分析机"的设计，被视为现代通用数字计算机的先声。

- 1837 年，德国狄利克雷引入狄利克雷 L 函数，成为解析数论的重要工具。

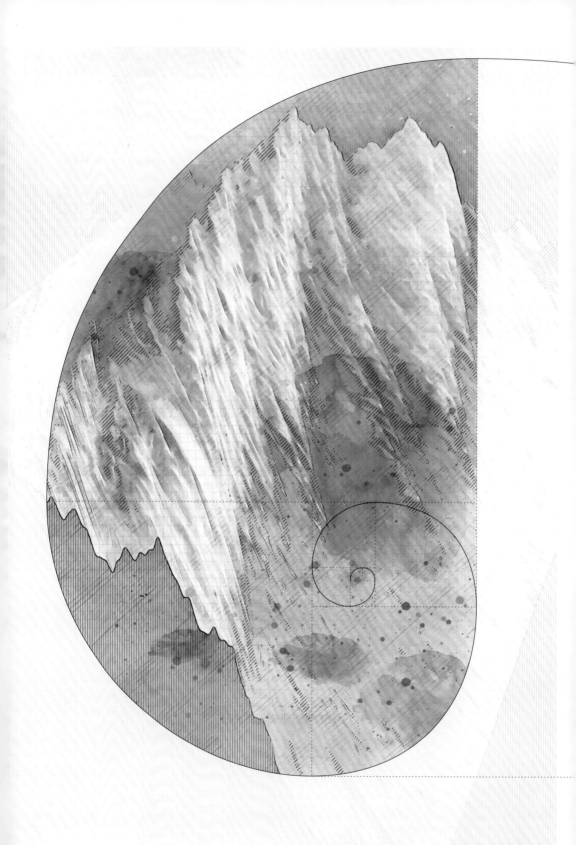

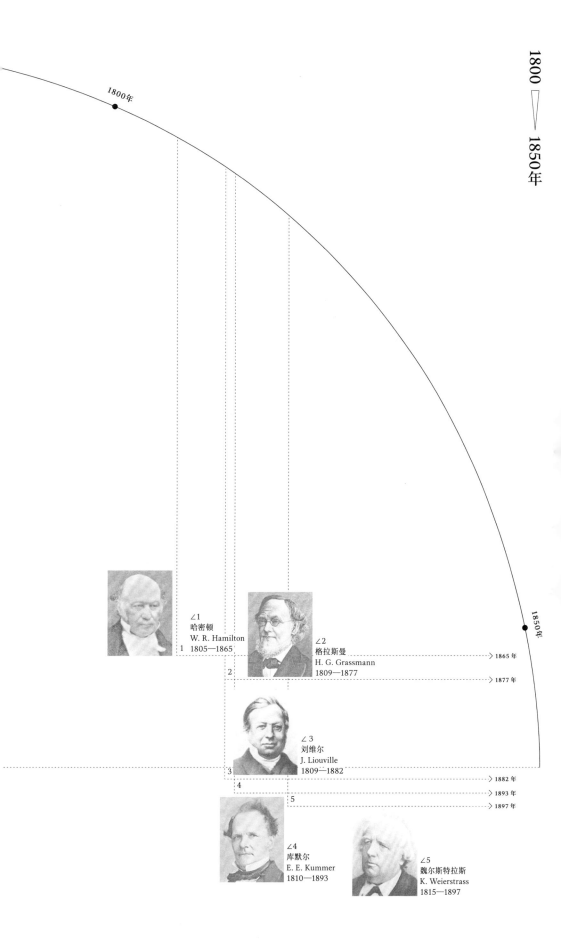

1800 年

1850 年

∠1
哈密顿
W. R. Hamilton
1 1805—1865

∠2
格拉斯曼
H. G. Grassmann
1809—1877

∠3
刘维尔
J. Liouville
1809—1882

∠4
库默尔
E. E. Kummer
1810—1893

∠5
魏尔斯特拉斯
K. Weierstrass
1815—1897

2

3

4

5

⟩ 1865 年

⟩ 1877 年

⟩ 1882 年

⟩ 1893 年

⟩ 1897 年

1 用魏尔斯特拉斯曲线逼近生成的
　魏尔斯特拉斯曲面
2 魏尔斯特拉斯

1

2

3 哈密顿

3

- 1841—1856 年，德国魏尔斯特拉斯引导了分析算术化运动，提出极限的 $\varepsilon\text{-}\delta$ 说法和级数一致收敛性概念，在幂级数基础上建立复变函数论。

- 1861 年，魏尔斯特拉斯给出了处处连续但却处处不可微的函数例子——魏尔斯特拉斯函数。

- 1843 年，英国哈密顿创立四元数理论，在历史上首次构造了不满足乘法交换律的数系。

- 1844 年，德国库默尔创立理想数理论，并用以解决了小于 100 的素指数 n 的费马大定理。

- 1844 年，德国格拉斯曼发表《线性扩张论》，建立 n 个分量的超复数系，提出了一般的 n 维几何的概念。

- 1844 年，法国刘维尔对超越数的存在性给出构造性证明。

1850年

1826年 ←
1821年 ←
1815年 ←
1814年 ←

2

4

∠2
布尔
G. Boole
1815—1864

∠4
黎曼
G. F. B. Riemann
1826—1866

∠3
凯莱
A. Cayley
1821—1895

3

1

∠1
西尔维斯特
J. J. Sylvester
1814—1897

1900年

1　布尔

1

2　凯莱

2

3　黎曼曲面
4　黎曼

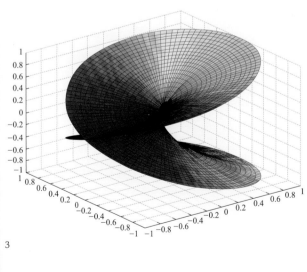

3　　　　　　　　　　　　　　　　　　　　　　4

● 1847 年，自学成才的英国数学家布尔出版《逻辑的数学分析》，与他于 1854 年发表的《思维规律研究》一起建立了逻辑代数。

● 1849—1854 年，英国凯莱提出抽象群概念。

● 1855 年，凯莱提出矩阵的基本概念与运算。凯莱与他的英国同事西尔维斯特是线性代数的奠基人。

● 1851 年，德国黎曼著《单复变函数的一般理论基础》，提出单值解析函数的黎曼定义，创立黎曼曲面的概念。

● 1854 年，黎曼的博士论文《关于几何基础的假设》提出了 n 维流形的黎曼几何学。

● 1859 年，黎曼在发表的关于素数分布的论文中给出了黎曼 ζ 函数的积分表示，提出了黎曼猜想。

● 1868 年，黎曼发表论文《用三角级数表示函数的可表示性》，提出了黎曼积分理论。

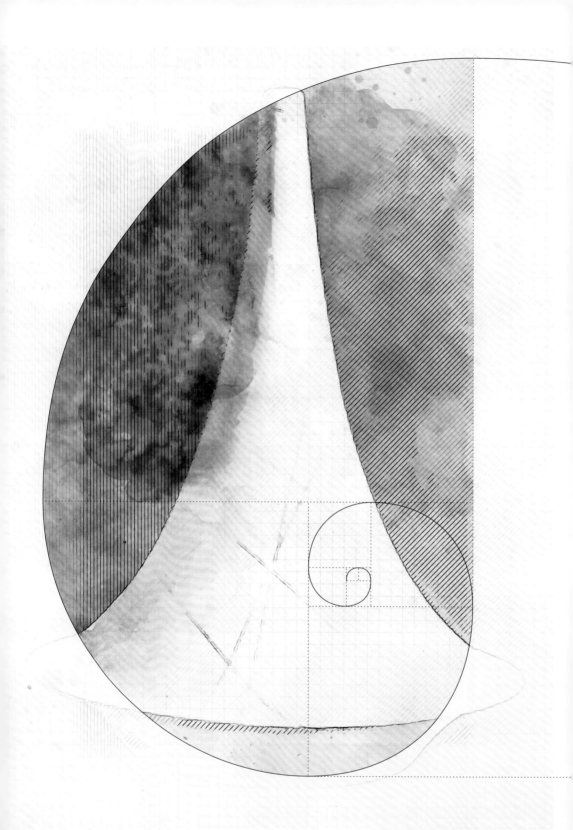

1850—1900年

1850年

1821年

1831年

1835年

2

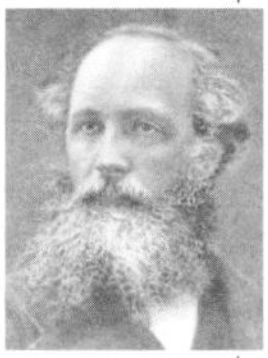

∠2
麦克斯韦
J. C. Maxwell
1831—1879

1

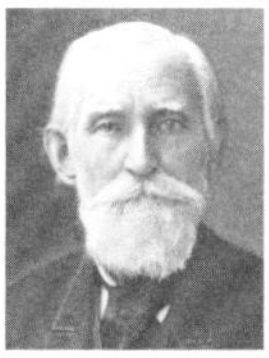

∠1
切比雪夫
P. L. Chebyshev
1821—1894

3

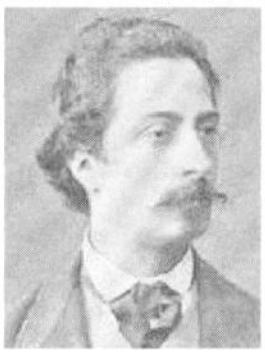

∠3
贝尔特拉米
E. Beltrami
1835—1899

1900年

1　无线电通信技术
2　麦克斯韦

1

2

3　伪球面

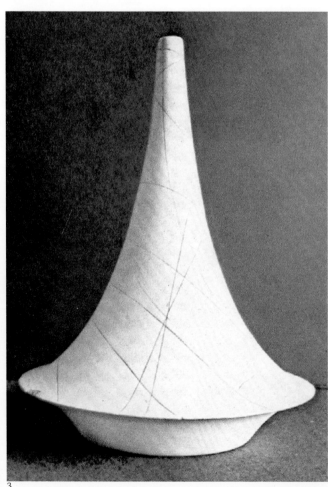

3

数学与产业革命

- 1864 年,英国麦克斯韦发表《电磁场的动力学理论》,导出麦克斯韦方程组,预言了电磁波的存在,引导了以无线电通信为主体技术的第二次产业革命。

- 1866 年,俄国切比雪夫建立了关于独立随机变量序列的大数律,他在概率论、数论、逼近理论领域作出重要贡献,对俄罗斯数学学派的发展有巨大的影响。

- 1868 年,意大利贝尔特拉米发表了论文《论非欧几何学的解释》,提出了第一个非欧几何模型——伪球面。

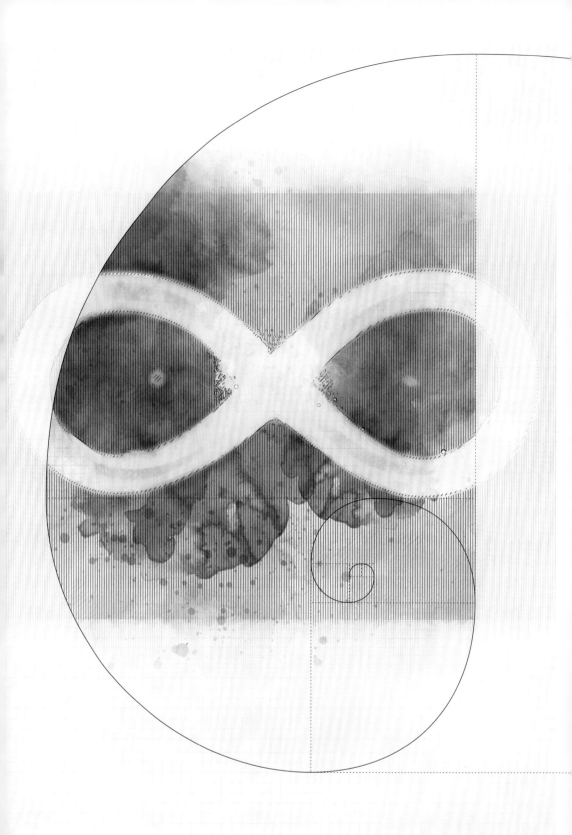

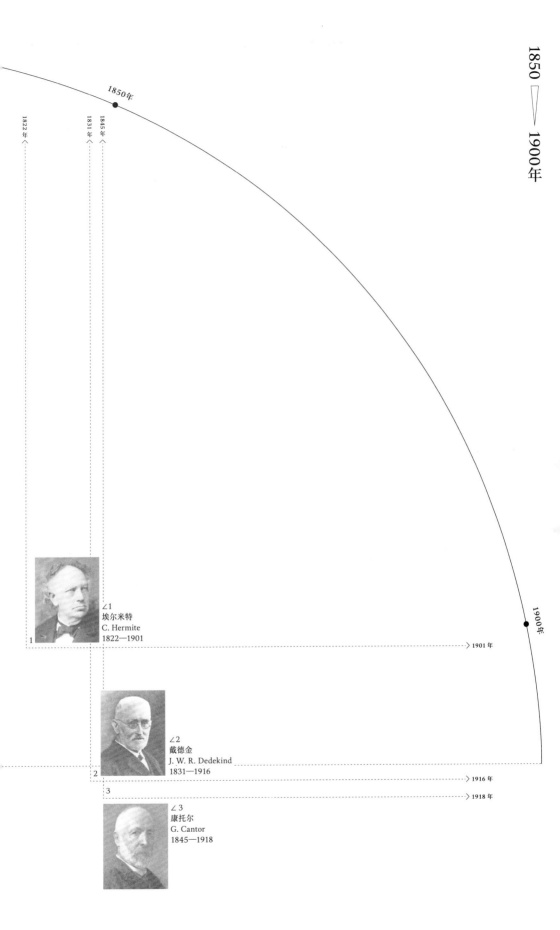

1850年

1822年 〈
1831年 〈
1845年 〈

∠1
埃尔米特
C. Hermite
1822—1901

1

1900年

〉1901 年

∠2
戴德金
J. W. R. Dedekind
1831—1916

2

〉1916 年

3

〉1918 年

∠3
康托尔
G. Cantor
1845—1918

1

2

● 1871—1879 年，德国康托尔创立并发展了无穷集合论及超限数理论。

● 1872 年，实数理论的确立:康托尔基本序列论、戴德金分割论、魏尔斯特拉斯有理数单调序列论。

● 1873 年，法国埃尔米特证明了 e 的超越性。

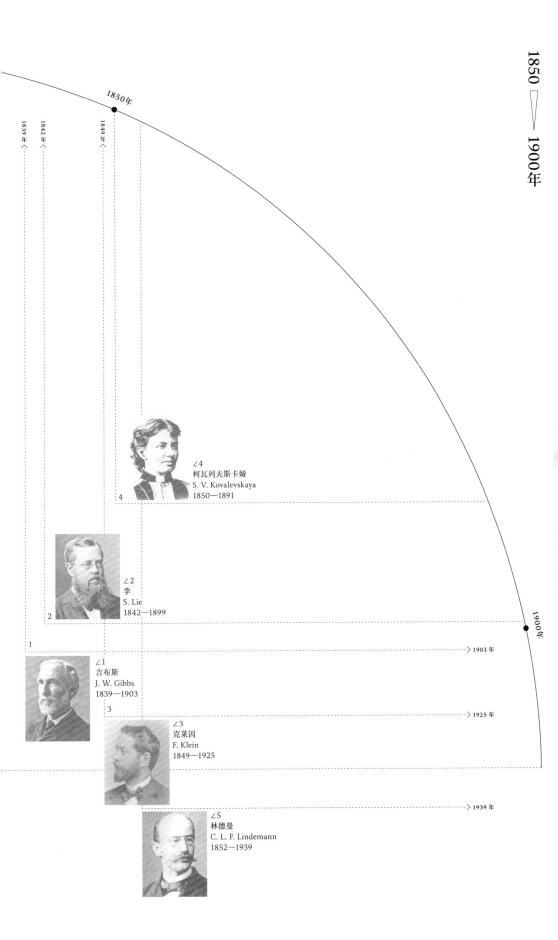

1839年 ←
1842年 ←
1849年 ←
1850年
1850年

∠4
柯瓦列夫斯卡娅
S. V. Kovalevskaya
1850—1891
4

∠2
李
S. Lie
1842—1899
2

1

∠1
吉布斯
J. W. Gibbs
1839—1903
3

1900年

〉1903年

∠3
克莱因
F. Klein
1849—1925

〉1925年

〉1939年

∠5
林德曼
C. L. F. Lindemann
1852—1939

1

2　克莱因
3　柯瓦列夫斯卡娅

2　　　　　　　　　　　3

● 德国克莱因与希尔伯特联手打造的第一个国际性数学研究中心——哥廷根大学数学研究所，曾经是世界数学家神往的数学圣地。

● 1872 年，克莱因发表《对于近代几何学研究的比较》（即《埃尔朗根纲领》），以群论为基础统一几何学。

● 1874—1883 年，挪威李建立连续变换群理论，现称李群理论。

● 1875 年，俄国柯瓦列夫斯卡娅的论文《偏微分方程理论》提出并证明了偏微分方程解的存在唯一性定理。

Ⅹ 1881 年，美国吉布斯建立向量分析。

⇑ 1882 年，德国林德曼证明了 π 的超越性，作为一个副产品，同时证明了 2000 多年来悬而未决的化圆为方问题无解。

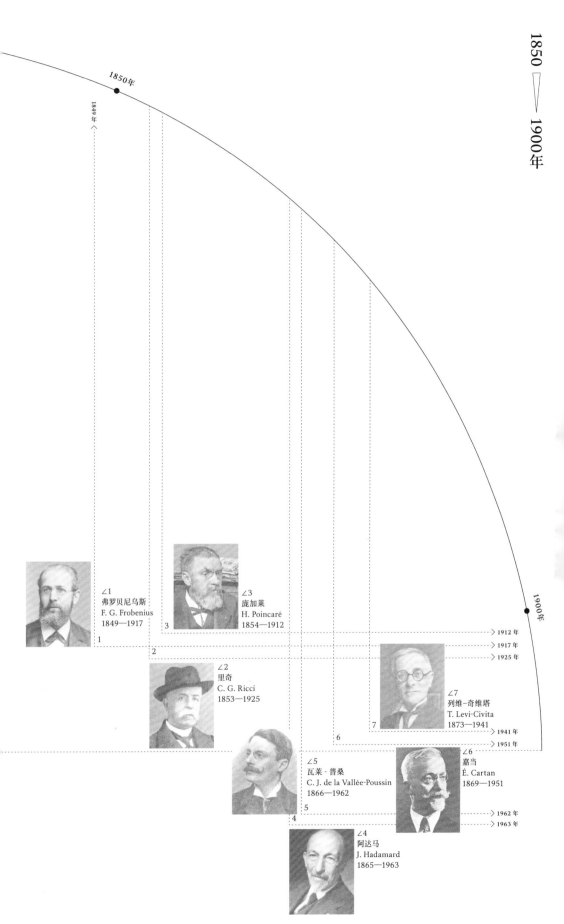

1849年 ↙

1850年

∠1
弗罗贝尼乌斯
F. G. Frobenius
1849—1917

1

∠3
庞加莱
H. Poincaré
1854—1912

3

2

∠2
里奇
C. G. Ricci
1853—1925

1900年

∠7
列维-奇维塔
T. Levi-Civita
1873—1941

7

6

∠5
瓦莱·普桑
C. J. de la Vallée-Poussin
1866—1962

5

4

∠6
嘉当
É. Cartan
1869—1951

∠4
阿达马
J. Hadamard
1865—1963

> 1912 年
> 1917 年
> 1925 年
> 1941 年
> 1951 年
> 1962 年
> 1963 年

一

1 庞加莱

1

2 阿达马

2

- 1881—1884 年，法国庞加莱与克莱因各自独立创立自守函数论。
- 1881—1886 年，庞加莱发表了关于微分方程确定的曲线的论文，开创微分方程定性理论、动力系统理论。
- 1895—1905 年，庞加莱发表系列论文《位置分析》，提出用剖分研究流形的方法，奠定了组合拓扑学基础。
- 1904 年，庞加莱提出庞加莱猜想。

> 如果我们希望预知数学的未来，适当的途径是研究这门科学的历史和现状。
>
> ——庞加莱

黎曼几何的发展

- 1884 年，意大利里奇建立"绝对微分学"（张量分析）。
- 1917 年，意大利列维-奇维塔提出"列维-奇维塔平移"。
- 1920 年，法国嘉当发展了一般的联络理论。

- 1895 年，德国弗罗贝尼乌斯开展群表示论的系统研究。

- 1896 年，法国阿达马与瓦莱 - 普桑证明了素数定理。

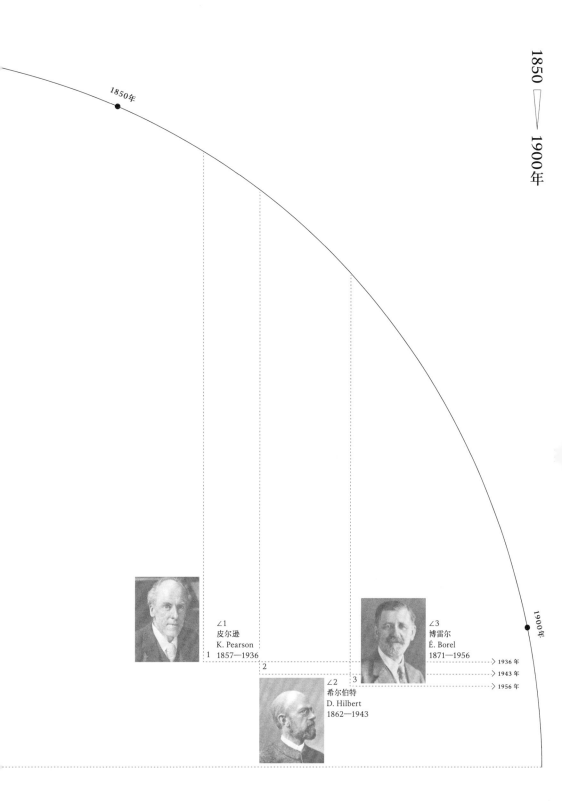

1850年

1900年

∠1
皮尔逊
K. Pearson
1857—1936

∠3
博雷尔
É. Borel
1871—1956

1936 年
1943 年
1956 年

∠2
希尔伯特
D. Hilbert
1862—1943

1 　第一届国际数学家大会举办场
　　所——瑞士苏黎世高等工业大学

1

● 1897 年，第一届国际数学家大会（ICM）在瑞士苏黎士举行。

● 1898 年，英国皮尔逊创立描述统计学。

● 1898 年，法国博雷尔创立测度论。

● 1899 年，德国希尔伯特著《几何基础》，提出现代公理化方法。

Ⅹ 1900 年，希尔伯特证明狄利克雷原理，在变分法中建立了直接法的发展路线。

⇑ 1909 年，希尔伯特证明了著名的华林问题。

✝ 1912 年，希尔伯特引进无穷维空间即后来所称的希尔伯特空间。

)(1917 年，希尔伯特提出数学基础的形式主义纲领。

♂ 1927 年，希尔伯特、冯·诺依曼、诺德海姆发表《论量子力学基础》，开始了量子力学公理化。

数学历史画卷·第二部分

现代篇

1900—1950年

1900年

1861年 1864年 1872年 1875年 1880年 1881年

2

∠2
闵可夫斯基
H. Minkowski
1864—1909

∠4
勒贝格
H. L. Lebesgue
1875—1941

4

∠1
怀特黑德
A. N. Whitehead
1861—1947

1

∠6
里斯
F. Riesz
1880—1956

1950年

5 6 1954年
1956年

7 1966年

∠5
菲舍尔
E. S. Fischer
1875—1954

∠7
布劳威尔
L. E. J. Brouwer
1881—1966

3 1970年

∠3
罗素
B. Russell
1872—1970

1 　希尔伯特在巴黎第二届国际数学家
　　大会上作报告

2 　罗素
3 　勒贝格

4 　闵可夫斯基空间示意图

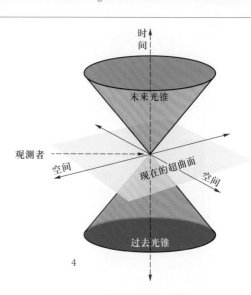

20 世纪数学序幕

⊖ 1900 年，希尔伯特在巴黎第二届国际数学家大会上作题为《数学问题》的报告，提出了 23 个著名的数学问题，揭开了 20 世纪数学的序幕。

> 只要一门科学分支能提出大量的问题，它就充满着生命力；而问题缺乏则预示着独立发展的衰亡或终止。
>
> ——希尔伯特

⊜ 1901 年，英国罗素提出"罗素悖论"，促进了数学基础研究。

⊜ 1910—1913 年，罗素与英国怀特黑德发表《数学原理》三卷，是逻辑主义的代表著作。

⊜ 1902 年，法国勒贝格发表论文《积分，长度与面积》，开创现代积分理论。

Ⓧ 1907 年，德国闵可夫斯基提出了"闵可夫斯基空间"，将空间与时间形成一个几何单元，把爱因斯坦狭义相对论几何化。

⇑ 1907 年，荷兰布劳威尔在博士论文《论数学基础》中搭建了直觉主义数学的框架。

✛ 1907 年，匈牙利里斯和德国菲舍尔证明里斯 - 菲舍尔定理（勒贝格平方可积函数的全体构成一个希尔伯特空间），是泛函分析学科形成的奠基性工作。

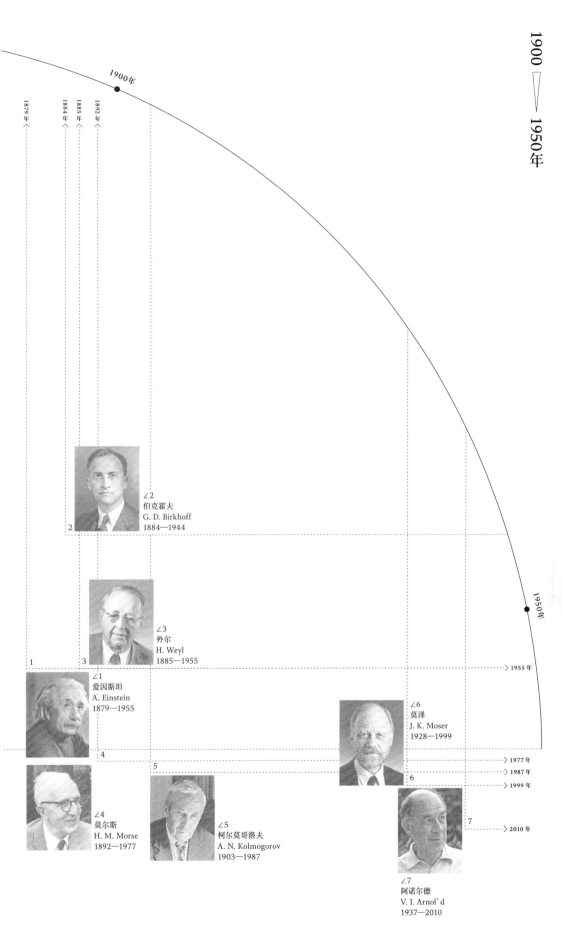

1900年

1892年←
1885年←
1884年←
1879年←

1900 ▽ 1950年

∠2
伯克霍夫
G. D. Birkhoff
1884—1944

∠3
外尔
H. Weyl
1885—1955

1950年

∠1
爱因斯坦
A. Einstein
1879—1955

∠6
莫泽
J. K. Moser
1928—1999

1955 年

∠4
莫尔斯
H. M. Morse
1892—1977

∠5
柯尔莫哥洛夫
A. N. Kolmogorov
1903—1987

1977 年
1987 年
1999 年

2010 年

∠7
阿诺尔德
V. I. Arnol'd
1937—2010

1 7 7

1 外尔

2 1919 年的一次日全食观察结果首次为爱因斯坦广义相对论提供了实验验证

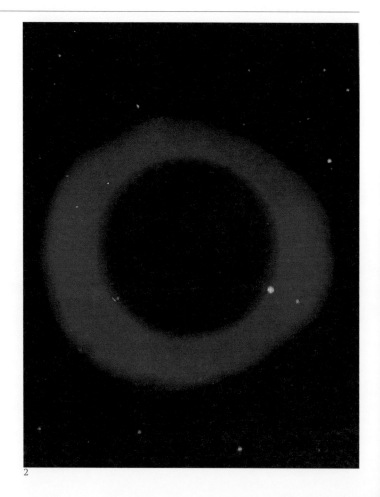

动力系统理论

一 1912 年，美国伯克霍夫扩展了动力系统理论。

二 1925 年，美国莫尔斯发表临界点理论，开创大范围分析。

三 1950 年，苏联柯尔莫哥洛夫、阿诺尔德和德国莫泽发表动力系统 KAM 理论。

四 1913 年，德国外尔出版《黎曼曲面的概念》，提出复流形概念。

Ⅹ 1918 年，外尔发表了《时间，空间，物质》，提出规范场理论。

数学与物理

⇑ 1915 年，德国爱因斯坦发表广义相对论基本方程，为现代宇宙学奠定数学和物理基础。时空曲率取代了牛顿的万有引力。在建立广义相对论引力场方程的过程中，被爱因斯坦称为"张量分析"的数学工具起了关键的作用。

> 在科学探索的过程中，通向更深入的道路是同最精密的数学方法联系在一起的。
>
> ——爱因斯坦

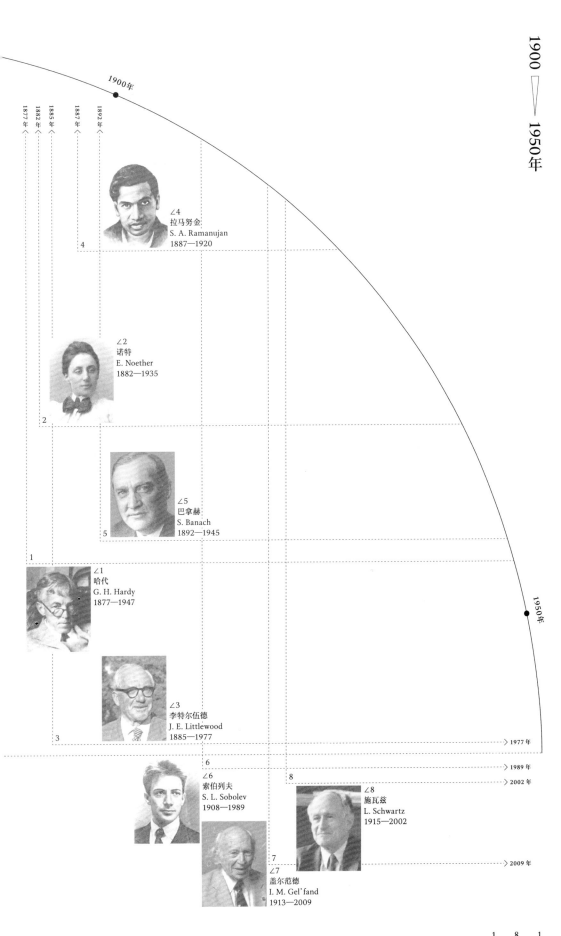

1900年

1877年 〈
1882年 〈
1885年 〈
1887年 〈
1892年 〈

∠4
拉马努金
S. A. Ramanujan
1887—1920

4

∠2
诺特
E. Noether
1882—1935

2

∠5
巴拿赫
S. Banach
1892—1945

5

1

∠1
哈代
G. H. Hardy
1877—1947

1950年

∠3
李特尔伍德
J. E. Littlewood
1885—1977

3

〉 1977 年

6

∠6
索伯列夫
S. L. Sobolev
1908—1989

〉 1989 年

8

〉 2002 年

∠8
施瓦兹
L. Schwartz
1915—2002

7

〉 2009 年

∠7
盖尔范德
I. M. Gel'fand
1913—2009

1

2

3

- 1918 年，英国哈代与印度拉马努金共创"圆法"。
- 1920—1928 年，哈代、拉马努金和英国李特尔伍德将圆法应用于数论难题，开创了解析数论特别是一些经典难题（包括黎曼猜想、哥德巴赫猜想）研究的新局面。

现代抽象代数的开创

- 1921 年，德国诺特发表《环中的理想论》，开创抽象代数学的现代研究。

泛函分析的发展

- 1922 年，波兰巴拿赫定义赋范空间。
- 1936 年，苏联索伯列夫在偏微分方程研究中引进广义函数。
- 1939 年，苏联盖尔范德建立赋范环论。
- 1945 年，法国施瓦兹独立提出分布（广义函数）论。

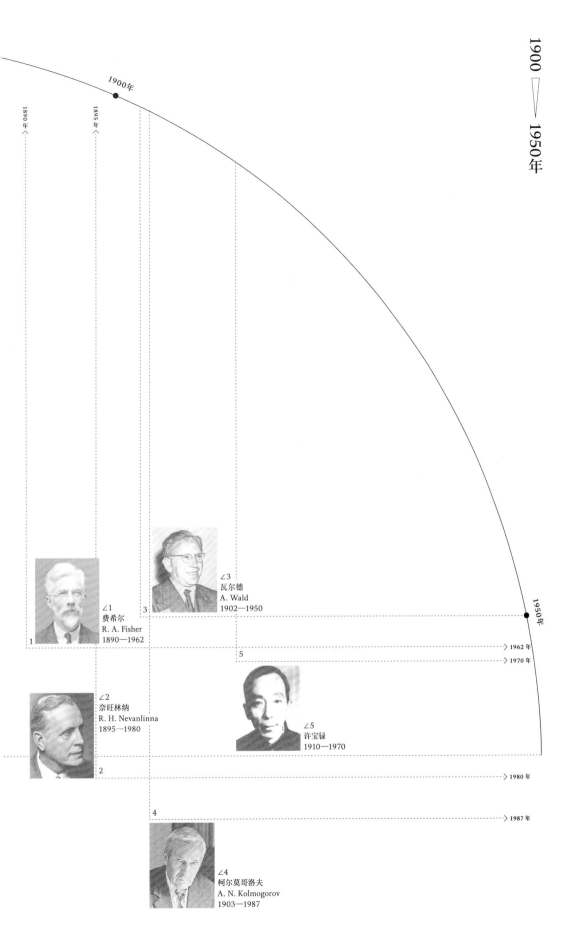

1900年

1890年 ←

1895年 ←

∠1
费希尔
R. A. Fisher
1890—1962

1

∠3
瓦尔德
A. Wald
1902—1950

3

1950年

5

> 1962 年
> 1970 年

∠2
奈旺林纳
R. H. Nevanlinna
1895—1980

2

∠5
许宝騄
1910—1970

> 1980 年

4

> 1987 年

∠4
柯尔莫哥洛夫
A. N. Kolmogorov
1903—1987

1　费希尔
2　许宝騄

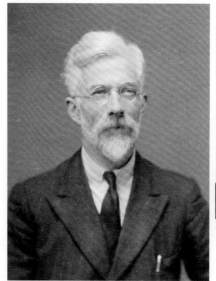

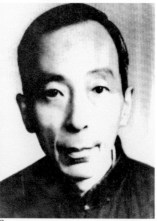

3　柯尔莫哥洛夫在讲课

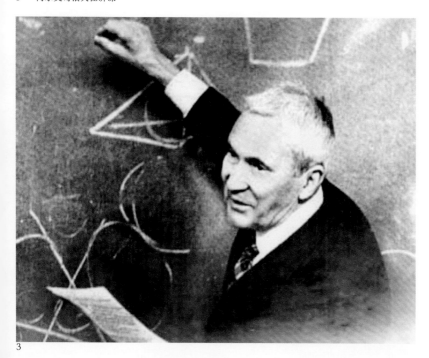

现代统计方法

- 1924—1940 年，英国费希尔等建立回归分析、试验设计、假设检验；中国许宝騄在发展数理统计方法尤其是多元统计分析方面有重要贡献。
- 1947 年，美籍罗马尼亚数学家瓦尔德提出序贯分析与统计决策理论。

- 1929—1935 年，芬兰奈旺林纳提出了单复变函数奈旺林纳（值分布）理论。
- 1981 年，国际数学家大会执行委员会设立奈旺林纳奖，奖励在计算机科学的数学方面的主要贡献者（2019 年该奖改称为"国际数学联盟算盘奖"）。

- 1933 年，柯尔莫哥洛夫出版《概率论基础》，建立概率论的严格公理体系。

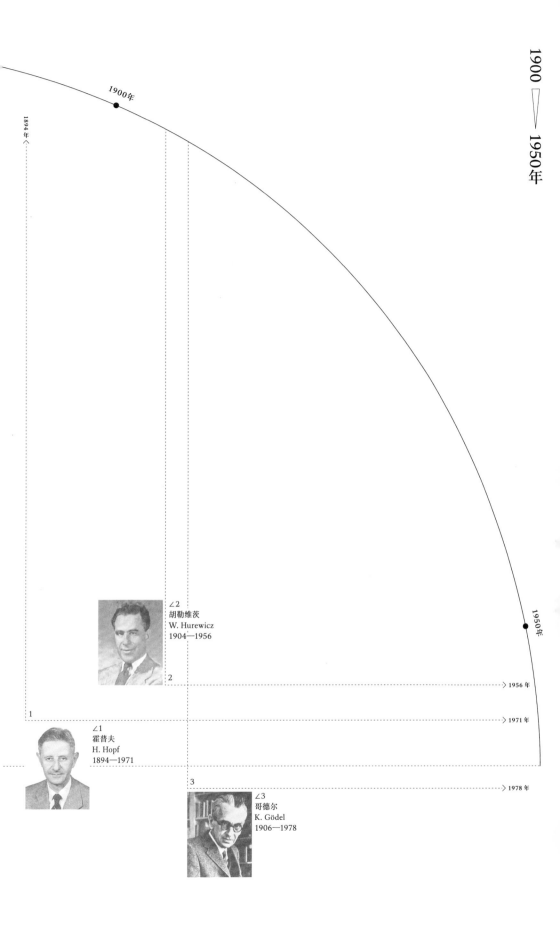

1894年 ←

1900年

∠2
胡勒维茨
W. Hurewicz
1904—1956

2

1950年

1956 年

1

∠1
霍普夫
H. Hopf
1894—1971

1971 年

3

1978 年

∠3
哥德尔
K. Gödel
1906—1978

1

代数拓扑的奠基

● 1928 年，德国霍普夫定义了同调群。

⊜ 1935—1936 年，波兰胡勒维茨提出了同伦论，同调论与同伦论构成代数拓扑发展的两大支柱。

⊜ 1931 年，奥地利哥德尔证明不完全性定理，推动了数理逻辑的发展。哥德尔不完全性定理第一次区分了"真"与"可证"，具有深远的哲学与科学意义。

1900年

1863年 ←

1

∠1
菲尔兹
J. C. Fields
1863—1932

2

1950年

> 1989 年

∠2
惠特尼
H. Whitney
1907—1989

∠3
米尔诺
J. W. Milnor
1931—

3

4

∠4
弗里德曼
M. H. Freedman
1951—

1 菲尔兹奖章
   正面：阿基米德像环绕拉丁文格言
   "超越个人极限，掌握宇宙世界"
   反面："全世界数学家聚会共同嘉
   奖对知识的卓越贡献"
2 菲尔兹

1

2

- 1936年，在挪威奥斯陆举行的第十届国际数学家大会上颁发了首届菲尔兹奖。

微分拓扑的发展

- 1936年，美国惠特尼发表《微分流形》。
- 1937年，惠特尼提出了纤维丛与示性类。
- 1956年，美国米尔诺发现"怪球"——可以赋予多种微分结构的高维球面。
- 1981年，美国弗里德曼发现非微分流形的四维流形之存在。

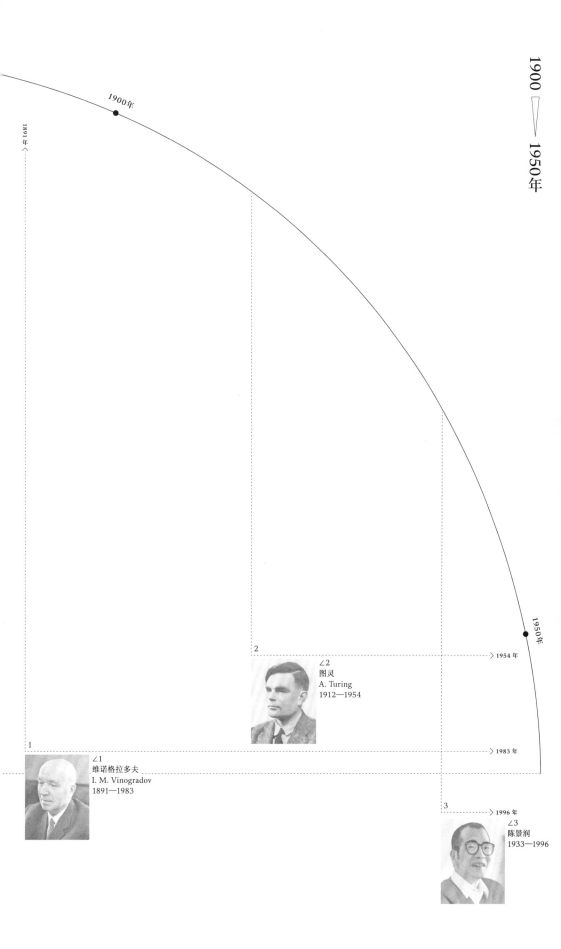

1900年

1891年〈

2

∠2
图灵
A. Turing
1912—1954

> 1954 年

1

∠1
维诺格拉多夫
I. M. Vinogradov
1891—1983

> 1983 年

1950年

3

> 1996 年

∠3
陈景润
1933—1996

1 图灵

2 图灵设计的 Bombe 破译密码专用机

2

3 维诺格拉多夫
4 哥德巴赫猜想研究纪念邮票

3

4

数学与计算机

- 1936 年，英国图灵通过一台理论上的万能机器，即今天所谓的图灵机，建立机器人技术与算法的现代理论，预示了程序内存通用数字计算机的可能性。
- 图灵本人曾参与了英国第二次世界大战时期 Colossus、Bombe 计算机的设计，用以破译了大量德军的密码，为盟军的胜利立下战功。

哥德巴赫猜想研究进展

- 1937 年，苏联维诺格拉多夫对充分大的奇数证明了奇数哥德巴赫猜想。
- 1966 年，中国陈景润获得关于偶数哥德巴赫猜想的最佳结果 {1, 2}（即大偶数表为一个奇素数与一个不超过 2 个奇素数的积之和。

1900年

1950年

1

⟩ 1986 年

∠1
康托罗维奇
L. V. Kantorovich
1912—1986

2

⟩ 2005 年

∠2
丹齐格
G. B. Dantzig
1914—2005

1

运筹学的早期发展

- 1930 年代后期，英国空军开创了"作战研究"，为运筹学先声。
- 1939 年，苏联康托罗维奇出版《生产组织与计划中的数学方法》，为最早的线性规划著作。
- 1947 年，美国丹齐格提出单纯形法，独立发展线性规划论。

- 1939 年，布尔巴基学派的《数学原本》开始出版，按结构关系对数学分类。

数学就是"数学结构的仓库"。

——布尔巴基学派

1900—1950年

1900年

1894年

1950年

1

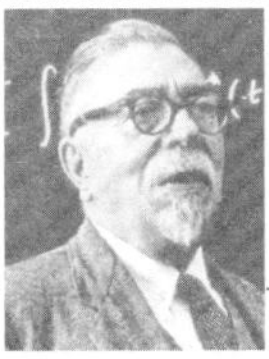

∠1
维纳
N. Wiener
1894—1964

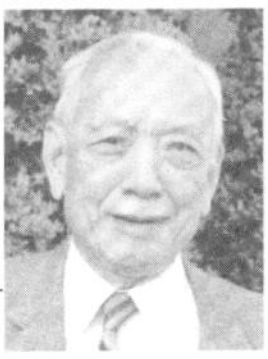

2

∠2
陈省身
1911—2004

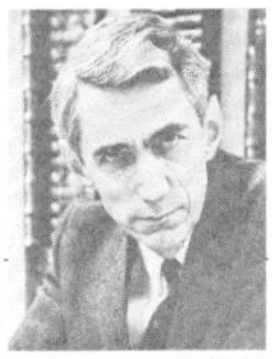

4

∠4
香农
C. E. Shannon
1916—2001

1964 年

2001 年

2004 年

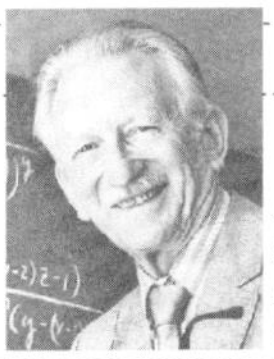

5

∠5
塞尔伯格
A. Selberg
1917—2007

2007 年

3

2008 年

∠3
伊藤清
Itô Kiyosi
1915—2008

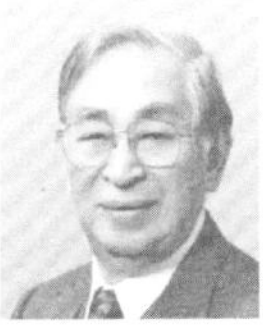

1 陈省身

1

 2 维纳

2

- 1942 年，日本伊藤清出版《论随机微分方程》，引进随机积分和随机微分方程，为随机分析的发展铺平了道路。

- 1942 年，美国数学家塞尔伯格提出黎曼猜想研究新途径。

- 1944 年，中国陈省身给出了高斯-博内公式的内蕴证明，是大范围微分几何学的前驱性工作。

控制论与信息论

- 1948 年，美国维纳的《控制论》出版，奠定了控制论学科的基础。
- 1948 年，美国香农提出了信息论。

1900年

1950年

1

$\angle 1$
冯·诺依曼
J. von Neumann
1903—1957

1957 年

1   冯·诺依曼与第一台计算机

1

2   冯·诺依曼（左二）和他领导的天
气预报小组在首次成功完成天气预
报计算后

2

● 1944 年，美籍匈牙利数学家冯·诺依曼与莫根施特恩的《博弈论与经济行为》出版，奠定了博弈论与数理经济学的基础。冯·诺依曼还是现代数值分析的奠基人。

数学与计算机

● 1945 年底，第一台电子计算机（ENIAC）在美国宾夕法尼亚大学莫尔学院研制成功，开创计算机科学时代。冯·诺依曼参与了首台电子计算机的设计并提出 EDVAC 方案，被誉为"计算机之父"。

数学与天气

● 1637 年，法国笛卡儿的著作《气象学》使他成为用数学方法研究气象的第一人。1920 年前后，挪威流体动力学家、气象学家皮叶克尼斯首先提出天气预报的中心问题是解一组空气动力学方程。然而在没有高效的计算工具的情况下，巨量的计算使通过解数学方程来预报天气成为"遥远的梦"。

● 1950 年 4 月，冯·诺依曼领导的天气预报小组借助第一台电子计算机 ENIAC 完成了数值天气预报史上首次成功的计算。从此，数学家、气象学家和计算机科学家们紧密合作，使数值天气预报方法越来越完善、越来越精确，为人们的生产活动和日常生活带来莫大的便利。

1900年

1950 年

1

∠1
凯尔迪什
M. V. Keldysh
1911—1978

⟩ 1978 年

1 参与曼哈顿计划的数学家冯·诺依曼（左）、物理学家费曼和数学家乌拉姆

2 苏联第一颗人造地球卫星
3 苏联第一颗人造地球卫星发射情景
4 空间计划的领头数学家凯尔迪什

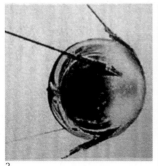

2

3

4

5 莫斯科太空纪念塔（建于 1964 年）

5

数学与原子能

① 爱因斯坦质能公式，是原子能利用的理论出发点。

② 1943 年，美国建立洛斯阿拉莫斯国家实验室，实施研制原子弹的"曼哈顿计划"。在洛斯阿拉莫斯，聚集了一批卓越的科学家研制原子弹，其中不乏数学家。

③ 1950 年代以后，人们在原子能的和平利用方面也取得了成功。

数学与空间技术

③ 数学家在苏联空间计划实施中起了重要作用。1953 年苏联科学院成立数学研究所应用数学部，苏联第一颗人造地球卫星计划的轨道计算就是在那里进行的。应用数学部聚集了一批杰出的苏联数学家，后扩建为独立的应用数学研究所，并以空间计划的理论权威、数学家凯尔迪什的名字命名。

⑩ 1957 年 10 月 4 日，苏联成功发射第一颗人造卫星，人类迈入太空探索的新纪元。

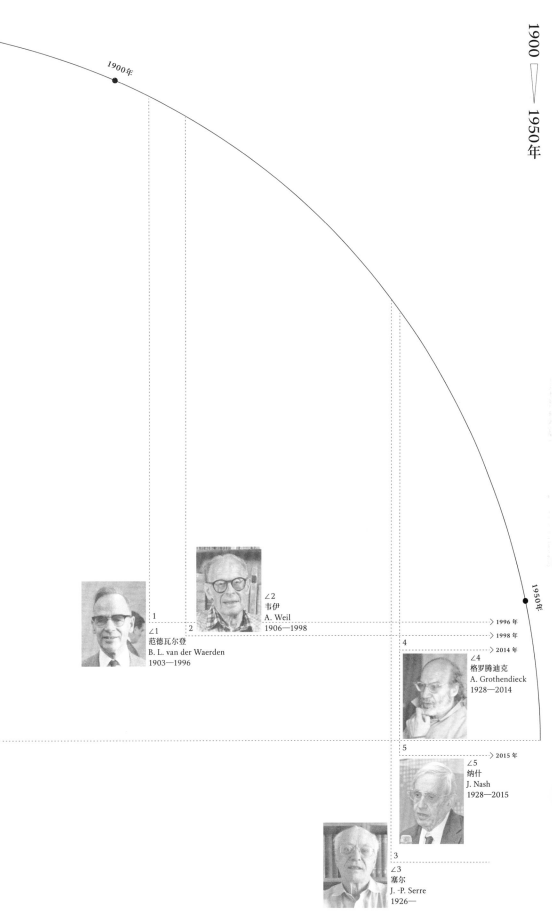

1900 年

1

∠1
范德瓦尔登
B. L. van der Waerden
1903—1996

2

∠2
韦伊
A. Weil
1906—1998

1950 年

⟩ 1996 年

⟩ 1998 年

4

⟩ 2014 年

∠4
格罗腾迪克
A. Grothendieck
1928—2014

5

⟩ 2015 年

∠5
纳什
J. Nash
1928—2015

3

∠3
塞尔
J. -P. Serre
1926—

1

代数几何基础

- 1946 年，法国韦伊出版《代数几何基础》，与荷兰范德瓦尔登 1939 年的工作一起奠定了代数几何基础。
- 1955 年，法国塞尔提出"层"概念与代数簇理论。
- 1958 年，法国格罗腾迪克建立更一般的"概型"概念。

数学与经济

- 1950 年，美国纳什发表《非合作对策》，引入了非合作对策的"纳什均衡"，成为当今经济学中广泛应用的"双赢"策略的数学基础。为此，纳什获得 1994 年诺贝尔经济学奖。奥斯卡最佳影片《美丽心灵》就是关于数学家纳什的人物传记片。

1950年

1908年 ∧
1920年 ∧
1910年 ∧
1930年 ∧

2000年

∠3
贝尔曼
R. E. Bellman
1920—1984

3
2

∠2
华罗庚
1910—1985

1

∠1
庞特里亚金
L. S. Pontryagin
1908—1988

4

∠4
冯康
1920—1993

∠6
卡尔曼
R. E. Kalman
1930—2016

5 6

2016 年

∠5
克劳夫
R. W. Clough
1920—2016

1 　华罗庚在扇面上算题

1

 2 　冯康
3 　庞特里亚金

2

3

- 1940 年，中国华罗庚完成数论经典著作《堆垒素数论》。
- 1940 年代中后期，华罗庚开创了矩阵几何，并在抽象代数的体论方面获得重要结果。。
- 1953 年，华罗庚建立了多个复变数典型域上的调和分析理论。

有限元方法

- 1956—1965 年，美国克劳夫、中国冯康等发展了有限元方法，其广泛使用变革了数值分析。

现代控制理论

- 1958 年，苏联庞特里亚金提出极大值原理，与美国贝尔曼的动态规划最优化原理、美籍匈牙利数学家卡尔曼的滤波理论一起构成现代控制论的三大基石。

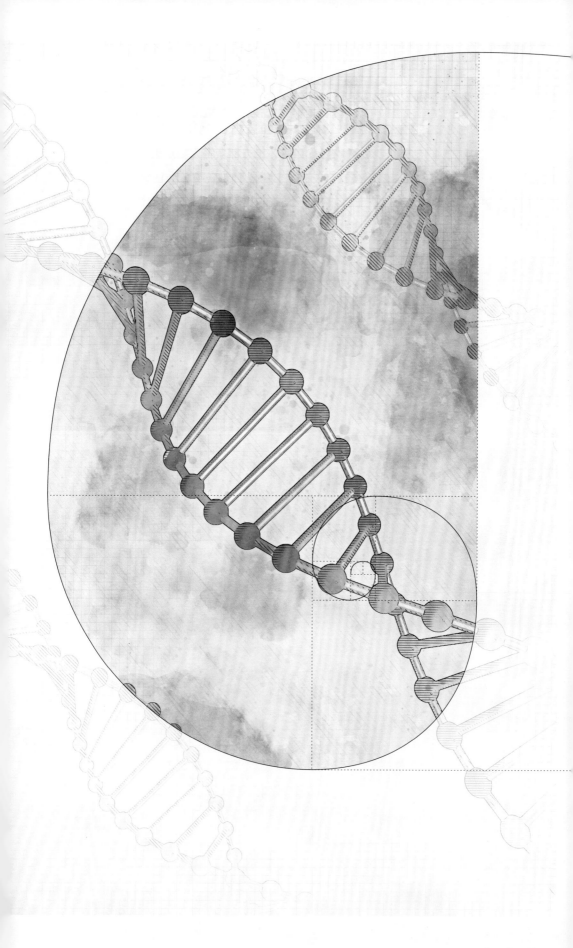

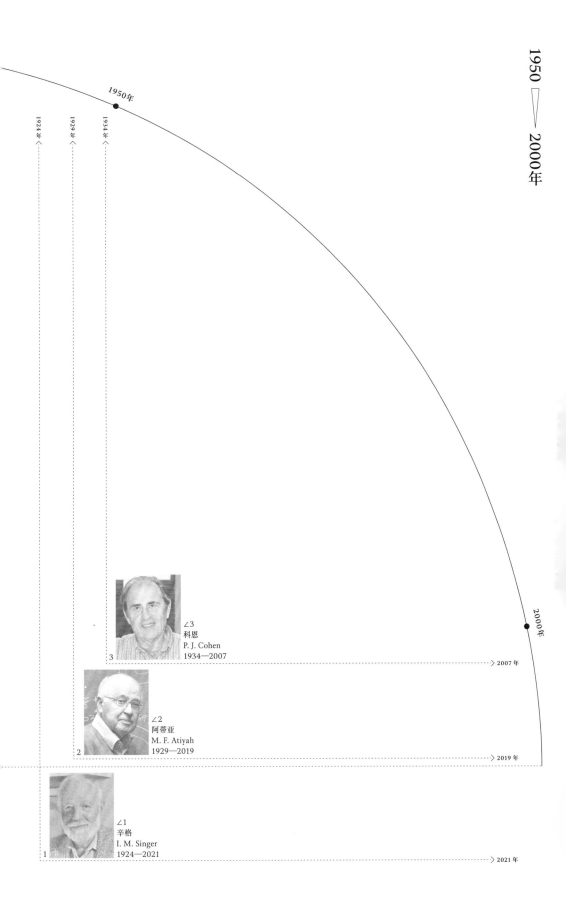

1950年

1934年 ⟨--

1929年 ⟨--

1924年 ⟨--

2000年

3

∠3
科恩
P. J. Cohen
1934—2007

⟩ 2007 年

2

∠2
阿蒂亚
M. F. Atiyah
1929—2019

⟩ 2019 年

1

∠1
辛格
I. M. Singer
1924—2021

⟩ 2021 年

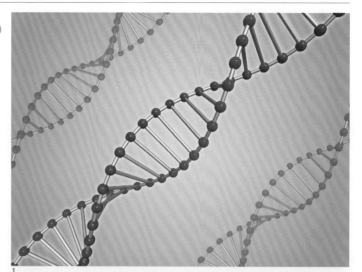

数学与生命科学

● 1953 年，英国物理学家克里克和美国生物化学家沃森发现了 DNA（脱氧核糖核酸）分子的双螺旋结构模型，这种扭型的双螺旋结构对遗传信息的继承非常重要。双螺旋模型的发现拉开了抽象数学（拓扑学等）与生物学结合的序幕。克里克与沃森获 1962 年诺贝尔生理学或医学奖。

● 1963 年，英国阿蒂亚和美国辛格证明指标定理，以深刻的方法把分析与拓扑联系起来。

● 1963 年，美国科恩证明连续统假设与集合论其他公理的独立性。这一点有着重要的认识论意义，即 19 世纪末康托尔的无穷构造并不是唯一的，还存在许多构造方法，它们都不会产生矛盾。

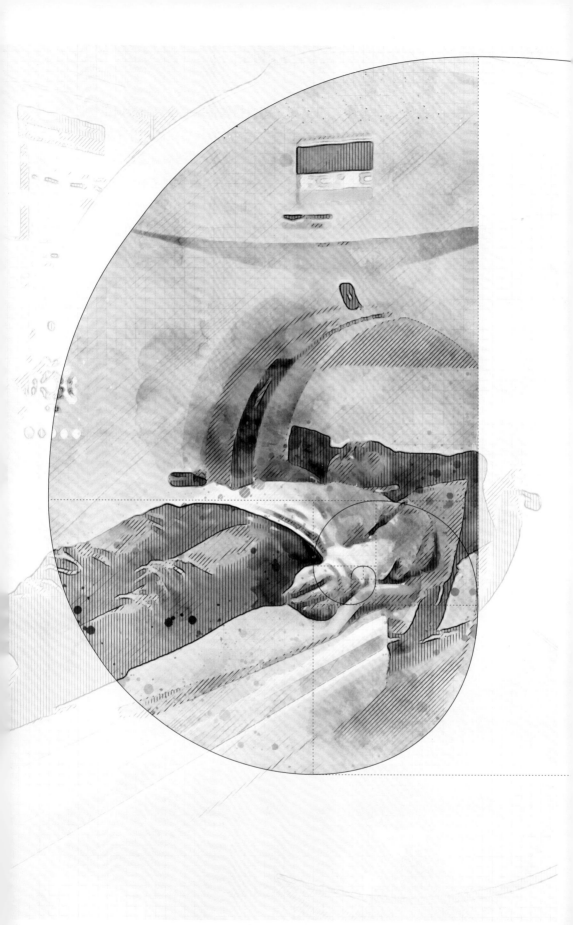

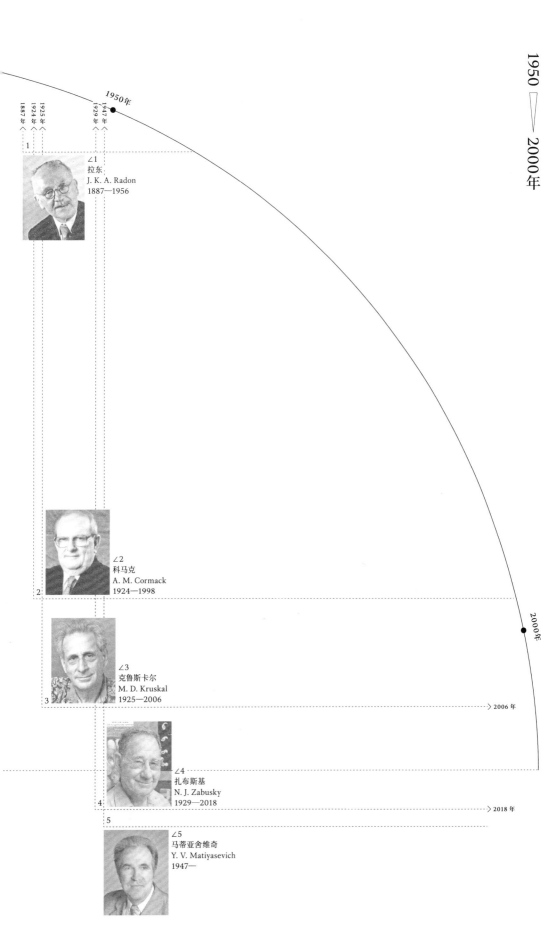

1950年

1887年
1924年
1925年
1929年
1947年

1

∠1
拉东
J. K. A. Radon
1887—1956

2

∠2
科马克
A. M. Cormack
1924—1998

2000年

3

∠3
克鲁斯卡尔
M. D. Kruskal
1925—2006

⟩2006年

4

∠4
扎布斯基
N. J. Zabusky
1929—2018

⟩2018年

5

∠5
马蒂亚舍维奇
Y. V. Matiyasevich
1947—

1 拉东
2 科马克
3 亨斯菲尔德站在他发明的 CT 扫描仪旁

1

2

3

非线性数学的兴起

- 1956 年，美国克鲁斯卡尔与扎布斯基借助计算机模拟发现孤粒子现象。
- 1967 年，克鲁斯卡尔与美国加德纳等发展解孤粒子方程（KdV 方程）的散射反演法。

数学与医疗技术

- 1963—1964 年，美籍南非物理学家科马克发表了计算人体不同组织对 X 射线吸收量的数学公式，解决了计算机断层扫描的理论问题，此工作促使英国工程师亨斯菲尔德发明了第一台计算机 X 射线断层扫描仪——CT 扫描仪。CT 技术的数学基础是积分几何中的拉东变换。科马克与亨斯菲尔德获 1979 年诺贝尔生理学或医学奖。

- 1970 年，希尔伯特第十问题由苏联数学家马蒂亚舍维奇否定解决。

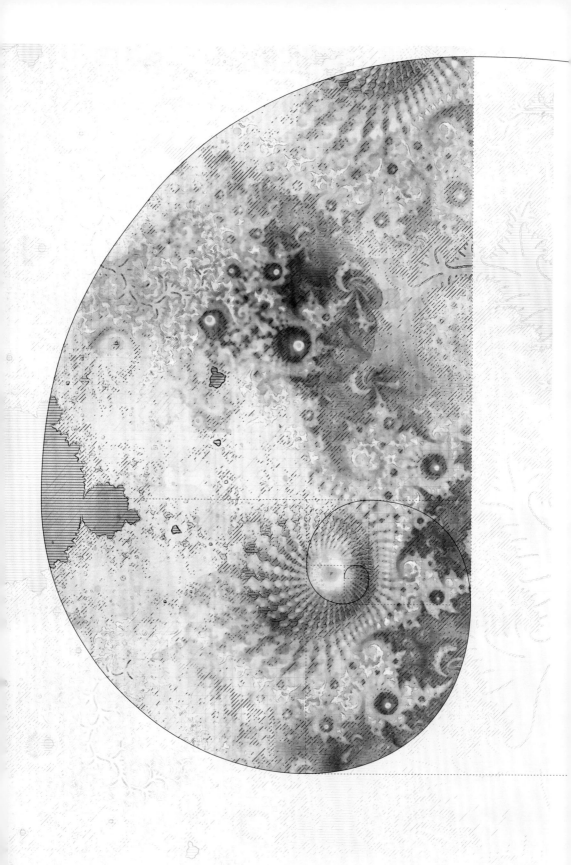

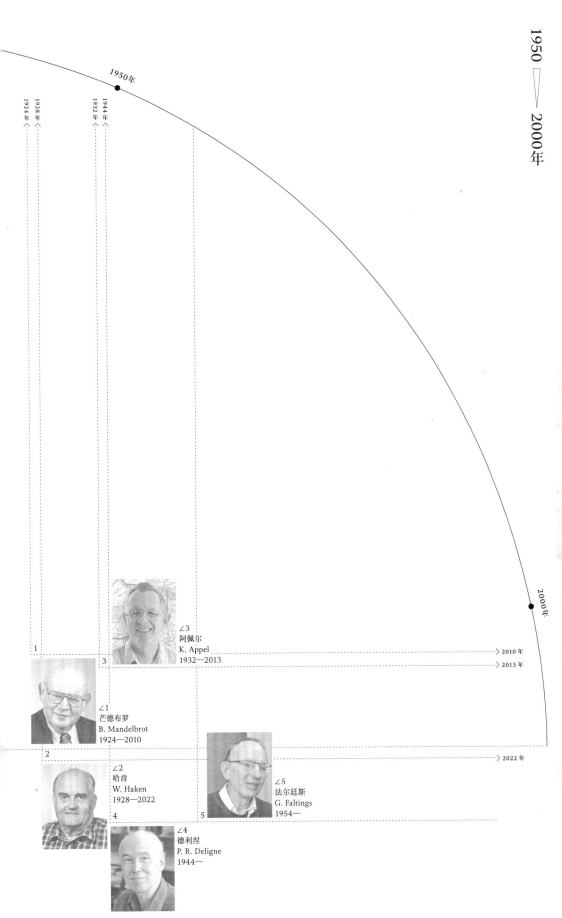

1950年

1944年
1932年
1928年
1924年

2000年

∠3
阿佩尔
K. Appel
1932—2013

∠1
芒德布罗
B. Mandelbrot
1924—2010

∠2
哈肯
W. Haken
1928—2022

∠5
法尔廷斯
G. Faltings
1954—

∠4
德利涅
P. R. Deligne
1944—

2010 年
2013 年

2022 年

1

2

算术代数几何的开拓

- 1973 年，比利时德利涅证明了一般代数簇上的黎曼猜想。
- 1983 年，德国法尔廷斯证明莫德尔猜想。

- 1976 年，美国阿佩尔与哈肯用 IBM 360 计算机证明了四色定理，开创计算机辅助证明。

数学之美——分形几何

- 1977 年，法国芒德布罗提出分形概念，开创分形几何学。借助高速电子计算机产生的大量精美奇妙的分形几何图案，给人们带来了现代艺术的享受。与此同时，分形几何学提供了描述不规则自然现象的数学工具。这一切体现了数学内在之美与自然之美的统一。

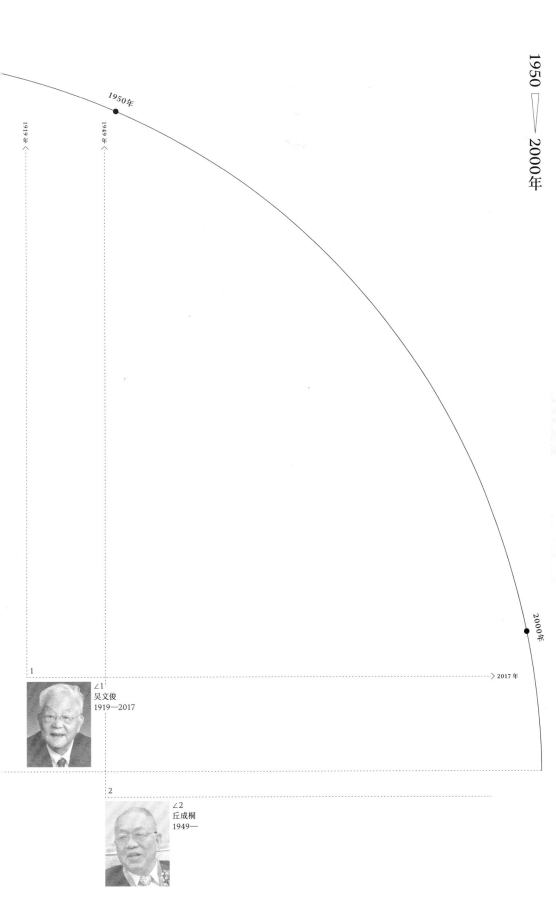

1950年

1949年 ⟵

1919年 ⟵

2000年

1

∠1
吴文俊
1919—2017

> 2017 年

2

∠2
丘成桐
1949—

1 吴文俊
2 丘成桐

1

2

3 沃尔夫奖章

3

- 1947—1955，中国吴文俊开展示性类与示嵌类研究，推动了代数拓扑学的发展。
- 1977 年，吴文俊提出初等几何定理机器证明的新方法，现以"吴方法"著称。

- 1976 年，中国丘成桐证明了卡拉比猜想和爱因斯坦方程中的正质量猜想，开拓了几何分析领域。丘成桐是首位获得菲尔兹奖（1983 年）的华人数学家，2010 年又荣获沃尔夫奖，成为迄今唯一的菲尔兹奖与沃尔夫奖双奖华人得主。

- 1978 年，第一届沃尔夫奖颁发。

1950—2000年

1950年

1901年

1932年

1

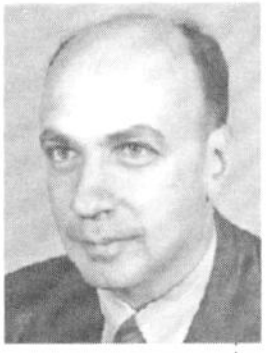

∠1
单群分类研究的
先驱美国数学家
布饶尔
R. Brauer
1901—1977

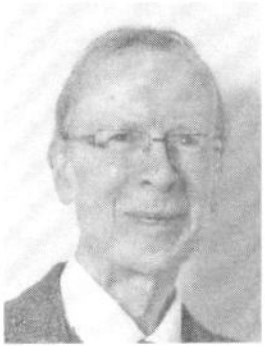

∠3
怀尔斯
A. Wiles
1953—

2000年

2

3

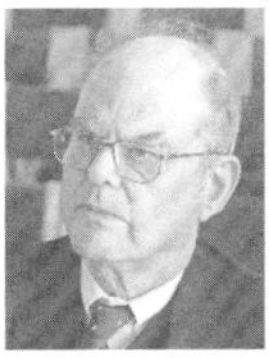

∠2
在单群分类研究领域取得
重要突破的美国数学家
汤普森
J. G. Thompson
1932—

1

2

- 1980 年，经过许多国家上百名数学家 100 多年的努力，完全解决了有限单群的分类问题。

- 1994 年，英国怀尔斯证明了有 358 年历史的费马大定理。

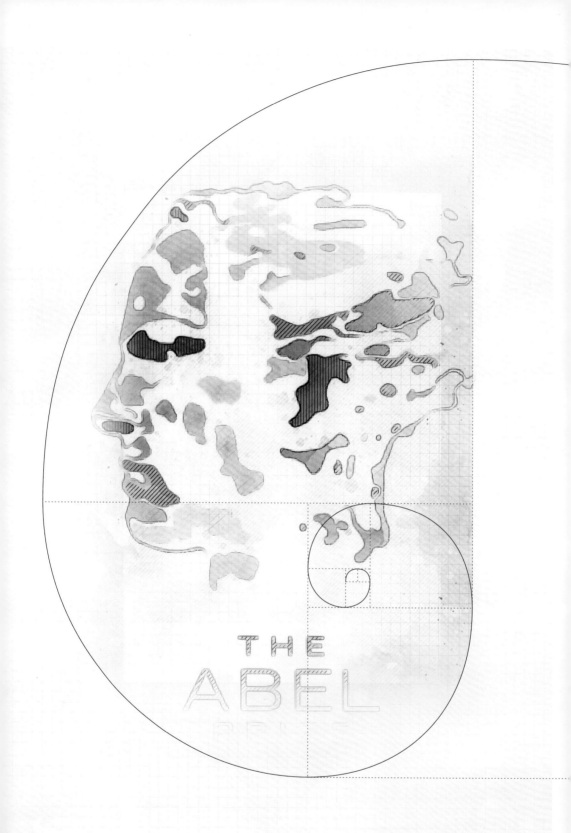

THE
ABEL

2000年

1966 年

∠1
佩雷尔曼
G. Y. Perelman
1966—

1

1 阿贝尔奖

 2 佩雷尔曼

未来挑战——克莱千禧奖数学问题

➊ 2000 年 5 月 24 日，美国克莱数学研究所在法国巴黎法兰西学院向公众发布 7 大征解数学问题：
- ○ 黎曼猜想
- ○ 庞加莱猜想
- ○ 伯奇与斯温纳顿-戴尔猜想
- ○ 霍奇猜想
- ○ 纳维-斯托克斯方程解的存在性与光滑性
- ○ 量子杨-米尔斯理论
- ○ P 对 NP 问题

➋ 2001 年，挪威政府设立以阿贝尔名字命名的数学奖。

➌ 2002—2003 年，俄罗斯佩雷尔曼证明庞加莱猜想。

1900年

至今

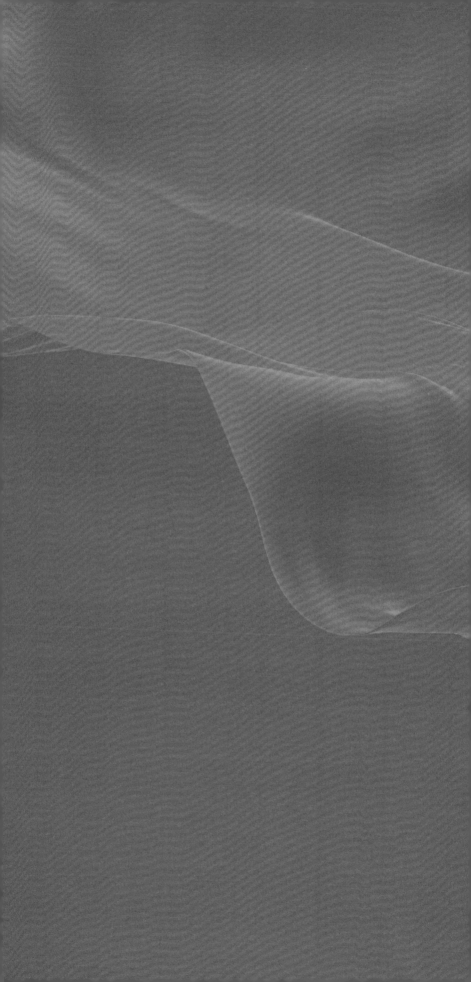

数学历史画卷·第二部分

中国现代篇

ZÜRICH
1932

1900年

1880年 ←┈

1890年 ←┈

1891 年 ←┈

∠3
胡明复
1891—1927

3

∠1
冯祖荀
1880—1940

1

∠2
姜立夫
1890—1978

2

1950年

1978 年 ┈>

1 中国科学社第一届董事会合影
（1915 年）（后排左起秉志、任鸿隽、
胡明复；前排左起赵元任、周仁）

1

2 《科学》杂志

2

3 扬州"知新算社"章程
4 南通"数学杂志社"出版的
《数学杂志》

3

4

● 中国古代数学有着光辉的传统，但从明代以后落后于西方。20 世纪初，在倡导科学与民主的高涨声中，中国数学家们踏上了学习并赶超西方先进数学的光荣而艰难的历程。

● 早期留美进步学生组织成立"中国科学社"，传播现代科学思想，觉醒国民。数学家胡明复是中国科学社的发起成员之一。

● 中国科学社主办的《科学》杂志，刊登介绍包括数学在内的现代科学的文章，同时也发表专业论文（华罗庚最早的数学论文就发表于《科学》）。

● 一批青年学子走出国门，学习数学，学成后纷纷回国，投身中国现代数学事业的开拓。

○ 1904 年，冯祖荀受京师大学堂派遣赴日本京都帝国大学留学，是迄今所知出国专习数学最早的中国留学生。冯祖荀回国后创办了北京大学数学系。

○ 1910 年，胡明复赴美，1917 年获美国哈佛大学博士学位，是第一位获得博士学位的中国数学家。胡明复是《科学》杂志的主要撰稿人之一，撰写了大量介绍现代数学的文章。

○ 1910 年，姜立夫赴美，1919 年获美国哈佛大学博士学位，1920 年创办南开大学数学系。抗战期间主持中央研究院数学研究所筹备工作，1947 年中央研究院数学研究所正式成立，姜立夫任所长。

早期数学社团

🅧 1900—1930 年，扬州"知新算社"（周达）。

⬆ 1912 年，南通"数学杂志社"（孙敬民、崔朝庆）。

1900 ▷ 1950年

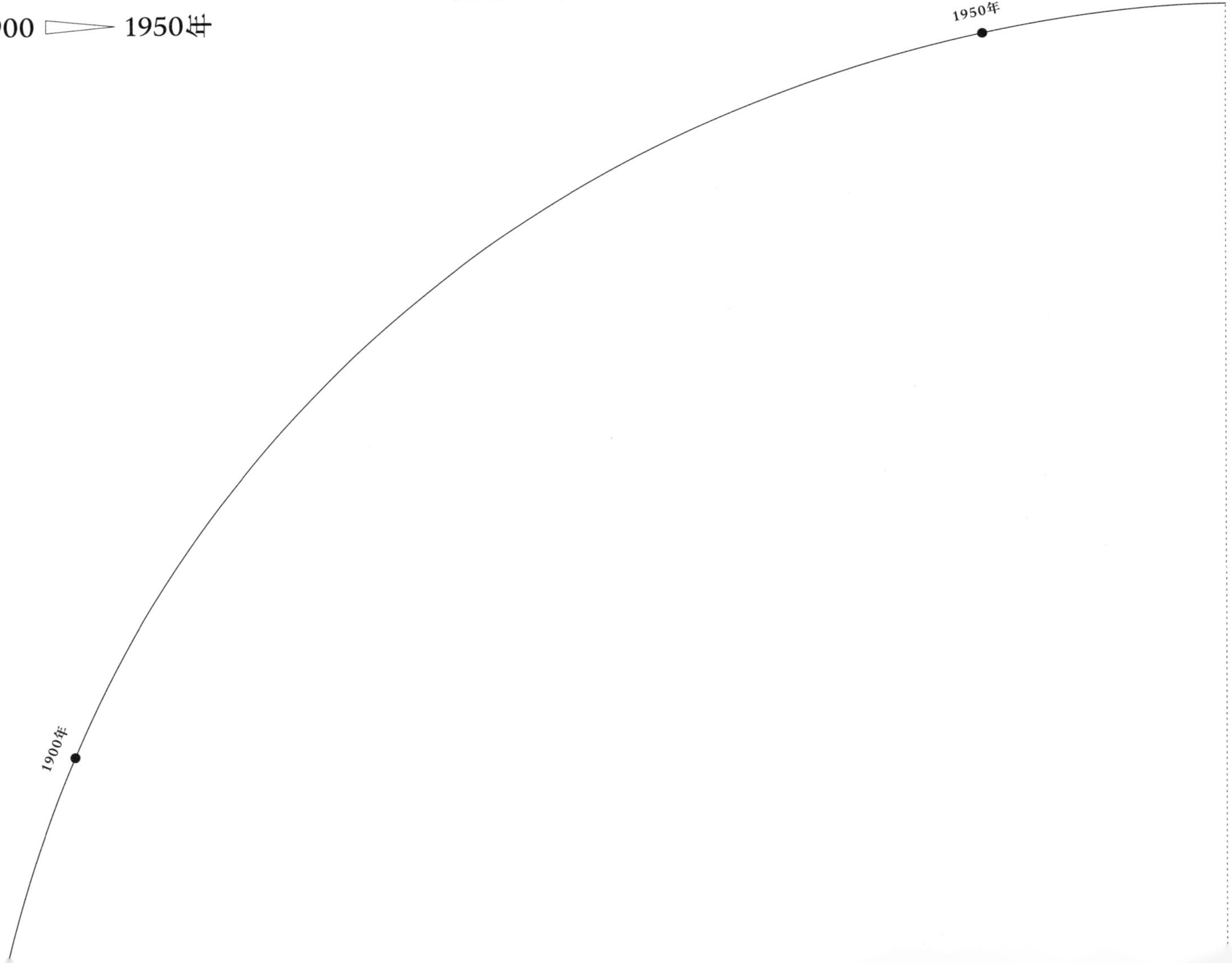

1900年

1950年

1　北京大学校门

2　德国数学家布拉施克访问北京大学
　　时与北京数学界的合影（1932 年）

3　1934—1936 年美国数学家奥斯古
　　德访问北京大学期间与北京大学教
　　授合影（左起秦汾、冯祖荀、奥斯
　　古德、申又枨、江泽涵）

4　美国数学家伯克霍夫访问北京大
　　学，北大周刊关于其讲演的预告
　　（1934 年）

● 辛亥革命后,伴随着各地大学的创办,中国开始全国范围的高等数学教育建制。

● 1912 年,中国第一个大学数学系—— 北京大学"数学门"成立（1918 年改"门"称"系"），首任系主任冯祖荀。

● 1930 年,江泽涵获美国哈佛大学博士学位,从 1934 年起出任北京大学数学系主任。

1900—1950年

1900年

1887年

1898年

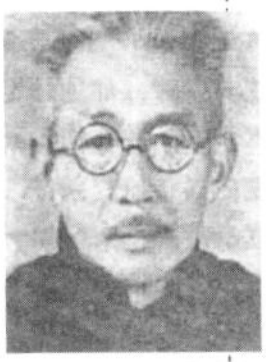

∠1
郑之蕃
1887—1963

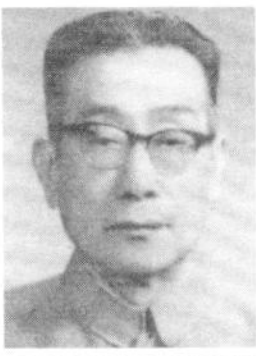

∠2
熊庆来
1887—1963

1、2

1963年

3

1975年

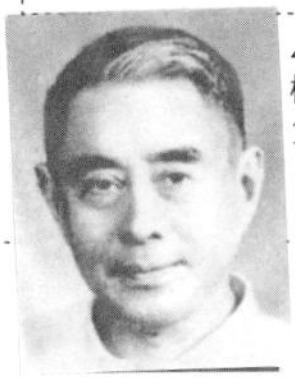

∠3
杨武之
1898—1975

1950年

1 1930 年代的清华大学算学系
 （前排左二起唐培经、赵访熊、郑
 之蕃、杨武之、周鸿经、华罗庚；
 中排左一陈省身，左四段学复）
2 阿达马和维纳与清华大学数学系教
 师合影

1

2

● 1930 年，清华大学成立研究生院，并于 1931 年开始招收第一批数学研究生。

● 清华三教授：郑之蕃、熊庆来、杨武之，他们通力合作，营造了当时中国数学的一方乐土——清华大学算学系。

  ○ 1907—1911 年，郑之蕃在美国康奈尔大学学习数学，1920 年任清华学校算学系（后清华大学算学系）第一任系主任。

  ○ 1920 年，熊庆来在法国获理学硕士学位，1926—1937 年继郑之蕃任清华大学算学系主任，其间 1931—1933 年再度留法并获法国国家博士学位。

  ○ 1928 年，杨武之获美国芝加哥大学博士学位，抗日战争期间长期主持了西南联合大学数学系。

● 1935—1936 年，控制论创始人维纳访问清华大学。
● 1936 年，法国数学家阿达马访问清华大学。

1900年

1893 年

1950年

> 1971 年

> 2003 年

1、2

3

∠1
钱宝琮
1893—1971

∠2
陈建功
1893—1971

∠3
苏步青
1902—2003

1 浙江大学数学系师生合影（1934年）
（前排右五陈建功，右六苏步青，右四徐瑞云，右二朱良璧）

● 1931 年，浙江大学创办中国第一个数学讨论班。

● 钱宝琮、陈建功、苏步青三位教授开创的浙江大学数学系是当时中国南方数学重镇。

　○ 1911 年，钱宝琮毕业于英国伯明翰大学土木工程系，1928 年出任浙江大学数学系首任系主任。

　○ 1929 年，陈建功获日本东北帝国大学博士学位，回国后接任浙江大学数学系主任。

　○ 1931 年，苏步青获日本东北帝国大学博士学位，1933 年接任浙江大学数学系主任。

1900年

1950年

1994 年

∠1
江泽涵
1902—1994

1

1 《三角级数论》
2 苏步青数学手稿

1

2

3 诺特和她的学派，右坐者为曾炯之

3

4 瑞士苏黎世第九届国际数学家大会
合影（1932年），熊庆来（放大者）
参加了大会，这是中国数学家首次
涉足国际数学家大会

4

● 中国现代数学的开拓者们在发展现代数学教育的同时，努力拼搏，追赶世界数学前沿，至 1920 年代末和 1930 年代，已开始出现一批符合国际水平的研究工作。

● 陈建功 1928 年独立证明了关于三角级数绝对收敛的陈-哈代-李特尔伍德定理。1930 年日本岩波书店出版陈建功《三角级数论》，这是现代中国学者在国外出版的第一部数学专著。

● 1928—1930 年，苏步青在当时处于国际热门的仿射微分几何方面引进并决定了仿射铸曲面和旋转曲面，他在此领域的另一个美妙发现后被命名为"苏锥面"。

● 1933 年，曾炯之在诺特指导下获哥廷根大学博士学位。在西方数学文献中，曾炯之以"曾定理""曾层次"等结果著称。

Ⓧ 熊庆来 1933 年博士论文引进后以他的名字命名的"熊氏无穷级"，将博雷尔有穷级整函数论推广为无穷级情形。

⬆ 江泽涵是将拓扑学引进中国的第一人，他关于不动点理论的研究最有影响。

1900年

1950年

——

1 中国数理学会会员合影

——

2 上海交通大学图书馆

——

3 《中国数学会学报》
　　第一卷 1、2 期
4 《数学杂志》
　　第一卷 1、2 期

● 1929 年，中国数理学会在北京成立，为中国数学会成立之先声。

● 1935 年 7 月 25 日，中国数学会宣告成立，成立大会在上海交通大学图书馆举行。

● 1936 年，《中国数学会学报》（即后来的《数学学报》）和《数学杂志》（即后来的《数学通报》）正式出版发行。

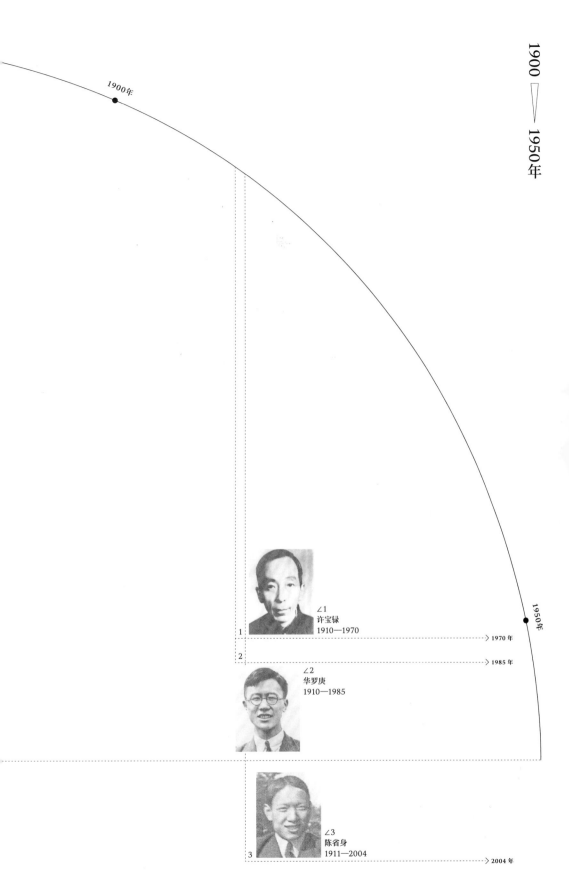

1900年

1950年

∠1
许宝騄
1910—1970

1 ·····················▷ 1970 年
2 ·····················▷ 1985 年

∠2
华罗庚
1910—1985

∠3
陈省身
1911—2004

3 ·····················▷ 2004 年

一

1　西南联合大学师生欢送从军抗日同学
2　西南联合大学校旗

1

2

三

3　《华罗庚选集》
4　《陈省身选集》
5　《许宝騄全集》

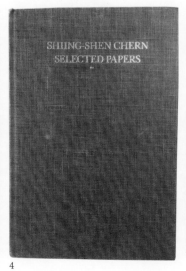

3

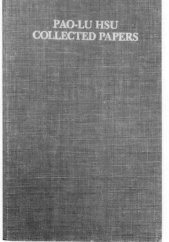

4

5

抗日烽火中的数学传奇 —— 西南联合大学

1938 年 2 月，长沙临时大学（后为西南联合大学）部分学生组成湘黔滇旅行团（当时参加旅行团的数学系学生有田方增、朱德祥等）步行奔赴昆明，于 4 月 28 日抵达昆明，开始了在抗日烽火中振兴中华科教的西南联大传奇。

在极端动荡、艰苦的战时环境下，西南联合大学的师生们表现出抵御外侮、发展民族科学的高昂热情。他们在空袭炸弹的威胁下，照常上课，并举行各种讨论班，同时坚持深入的科学研究，可以说创造了中国现代数学发展历程中的奇迹。这一时期产生了一系列冲击世界数学前沿的先进数学成果，其中最有代表性的是华罗庚、陈省身、许宝騄的工作。

○ 华罗庚 1938 年从英国剑桥大学回国，执教西南联合大学，1940 年在战火中完成专著《堆垒素数论》。

○ 陈省身 1936 年获德国汉堡大学博士位，1937 年回国执教西南联合大学，在示性类理论研究方面取得重大进展。

○ 许宝騄 1938 年获英国伦敦大学学院博士学位，1942 年回国执教西南联合大学，继续发展数理统计多元分析理论。

在施普林格出版社出版过全（选）集的现代数学家，迄今大概不过 100 位。华罗庚、陈省身、许宝騄是迄今曾在施普林格出版社出版过数学全（选）集的三位中国数学家。

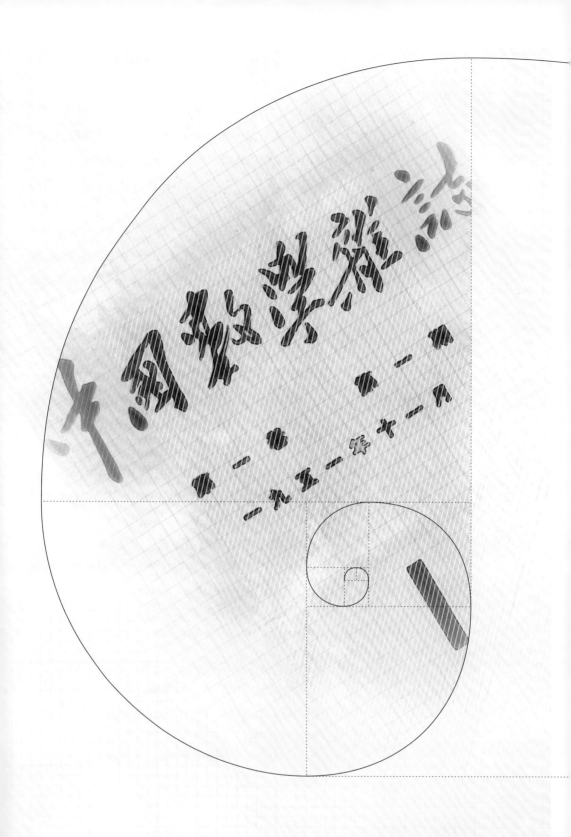

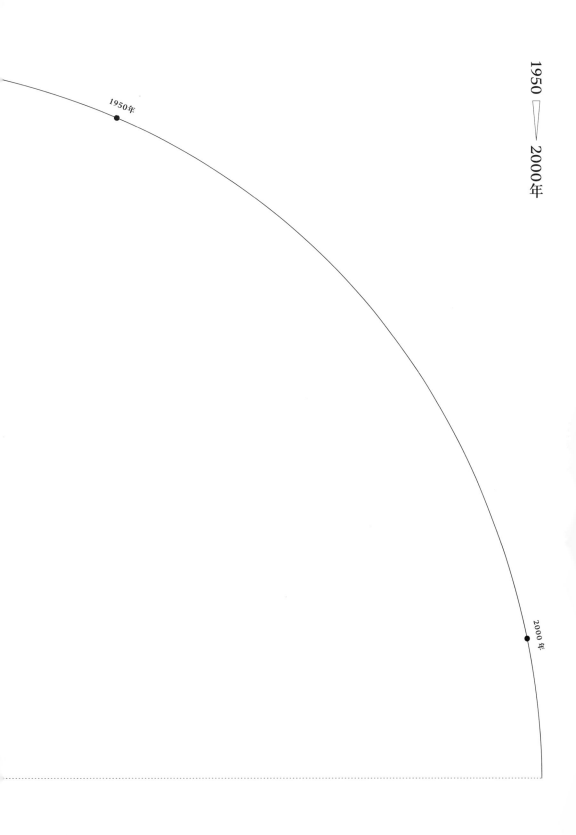

1950 ▷ 2000年

1950年

2000 年

1　中国数学会第一届全国代表大会
　　（1951年）
2　毛泽东主席为《中国数学杂志》题字

1

2

3　华罗庚（站立左二）、程民德（站立
　　左三）在回国的轮船上（1950年）

3

4　中国科学院数学研究所旧址
5　华罗庚与数学研究所青年研究人员
　　研讨数学（1952年）

4

5

● 1949 年，中华人民共和国成立之后，中国现代数学的发展进入了一个崭新的阶段。新中国的数学事业经历了曲折的道路而获得了空前的进步。

● 1950 年，华罗庚等科学家放弃在国外的优厚待遇，回国投入新中国科学事业的建设。华罗庚在途经香港时发表了充满爱国情怀的《致中国全体留美学生的公开信》。

> "梁园虽好，非久居之乡，归去来兮！……
>
> 为了抉择真理，我们应当回去；
>
> 为了国家民族，我们应当回去；
>
> 为了为人民服务，我们也应当回去；……
>
> 为我们伟大祖国的建设和发展而奋斗！"

● 1952 年，中国科学院数学研究所正式成立。

● 中国科学院数学研究所首任所长华罗庚在数学所成立时的工作报告，其中明确提出了"创造自主的数学研究"的战略目标，制定了基础数学、应用数学、计算数学三大研究方向和培养人才的方针，这一规划事实上也成为整个新中国数学发展的蓝图。

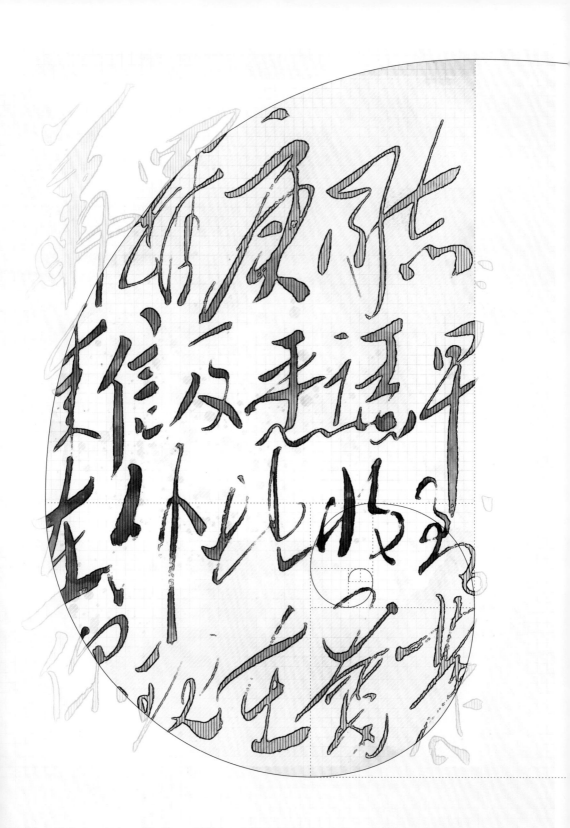

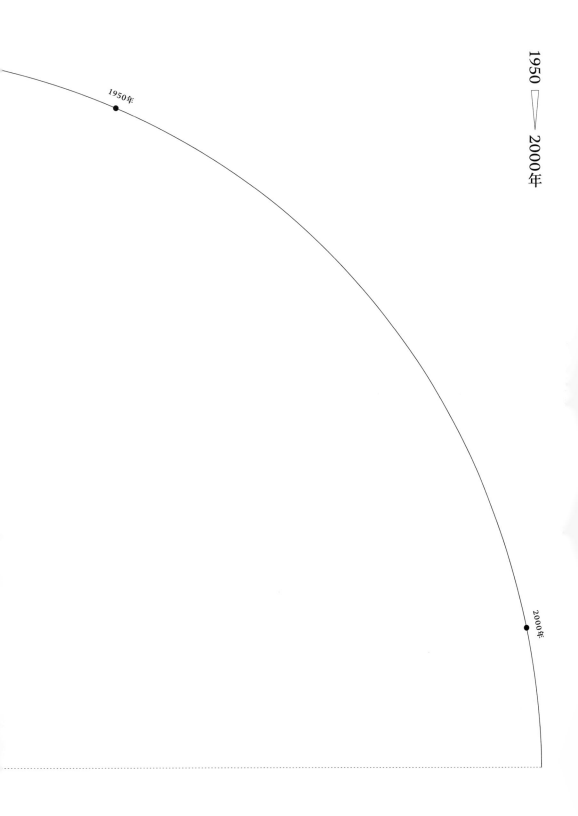

1950 ▷ 2000年

1950年

2000年

1 毛主席致华罗庚亲笔信（1965 年
   7 月 21 日）

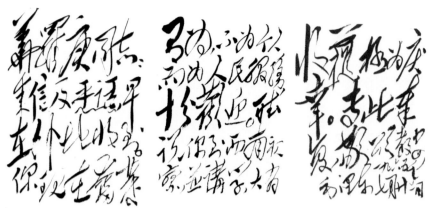

1

2 《1956—1967 年科学技术发展远
   景规划纲要（草案）》首页（左图）
   与"修正草案"数学部分

2

3 1957 年 1 月 25 日《人民日报》
   关于我国首次颁发科学奖金的报道
4 一等奖获得者华罗庚
5 一等奖获得者吴文俊

3

4

5

● 1956 年 1 月，中共中央提出制定科学技术发展远景规划的任务，向全国人民发出向科学进军的号召。通过新中国第一个中长期科技规划的实施，我国数学事业得到了全面协调的发展。

● 1956 年，我国颁发首届国家自然科学奖金，华罗庚"典型域上的多元复变数函数论"和吴文俊"示性类与示嵌类的研究"分别获一等奖。

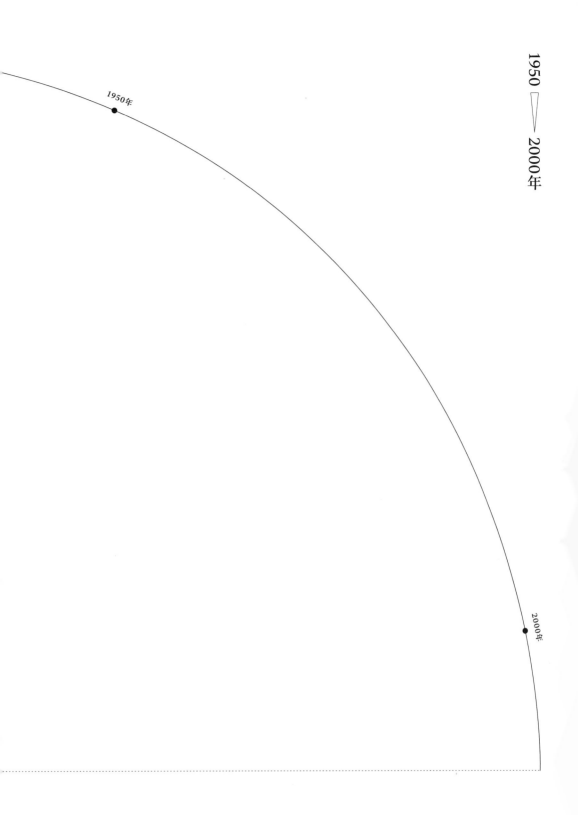

1950年

2000年

1　国家自然科学一等奖"原子弹氢弹设计原理中的物理力学数学理论问题"（1982年）主要获奖者之一数学家秦元勋研究员（右二）与邓稼先（右一）、张文裕（右三）、赵忠尧（右五）等核学会常务理事会成员合影

2　华罗庚在农村田间向农民讲解优选法

3　苏步青在造船厂计算机房讨论船体放样，将微分几何应用于船舶设计制造等工程实际（1977年）

1

2

3

4　国家科技进步奖特等奖"尖兵一号通用型卫星及东方红一号卫星"主要参加者数学家关肇直

5　中国科学院关于成立以数学家关肇直为组长的东方红一号卫星轨道工作组的通知

6　东方红一号（艺术图）

4

5

6

● 我国数学家在发展数学基础理论的同时，深入工农业
  生产与尖端技术部门，为社会主义建设事业作出了可
  贵贡献。

● 以数学家关肇直为组长的东方红一号卫星轨道工作组
  在卫星轨道计算与跟踪方面的工作为我国第一颗人造
  卫星的轨道选择提供了科学依据，也为我国卫星的轨
  道工作奠定了良好基础。

1950 ▷ 2000年

1950年

2000年

2 9 7

1　周恩来总理给张文裕等科学家的信

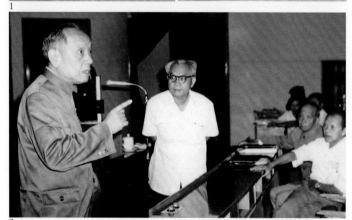

2　1972年陈省身（左一）首访中国
科学院，他在数学研究所的学术报
告吸引了国内众多数学家（左二吴
文俊，右坐前一谷超豪，前二程民
德）

3　1979年丘成桐首访中国科学院数
学研究所

● 1972年，周恩来总理在给张文裕等科学家的一封信中作出了加强基础理论研究的指示。通过贯彻这一指示，在"文化大革命"期间陷于停滞的数学基础理论研究得到了迅速复苏与加强。

● 1972年7月，周恩来总理接见美籍中国学者参观团，参观团副团长为力学家与应用数学家林家翘，成员中有数学家王浩、王宪钟等，参加接见的我方数学家有华罗庚、胡世华、田方增、秦元勋、王宪钧等。

1

2

3

4

● 1978 年 3 月，全国科学大会在北京召开，邓小平同志在会上作了重要讲话，他指出四个现代化的关键是科学技术现代化，提出了科学技术是生产力的观点。我国数学迎来了改革开放的春天！

● 1978 年 11 月，中国数学会第三届全国代表大会在武汉举行，这是"文化大革命"以后的首次全国代表大会。

● 中国数学界在全国科学大会营造的尊重知识、尊重人才的良好氛围下，开始了赶超世界数学先进水平的新征程。

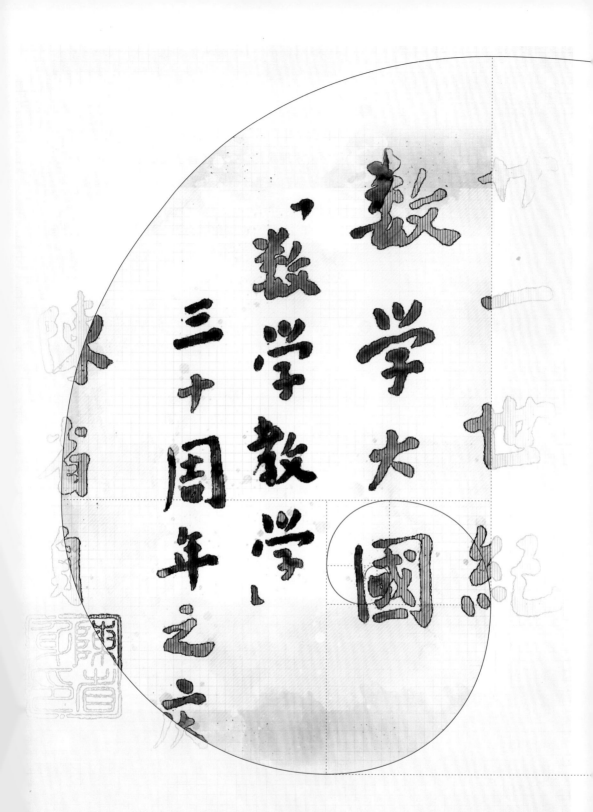

数学大国

二十一世纪

一数学教学

数学教学三十周年之之

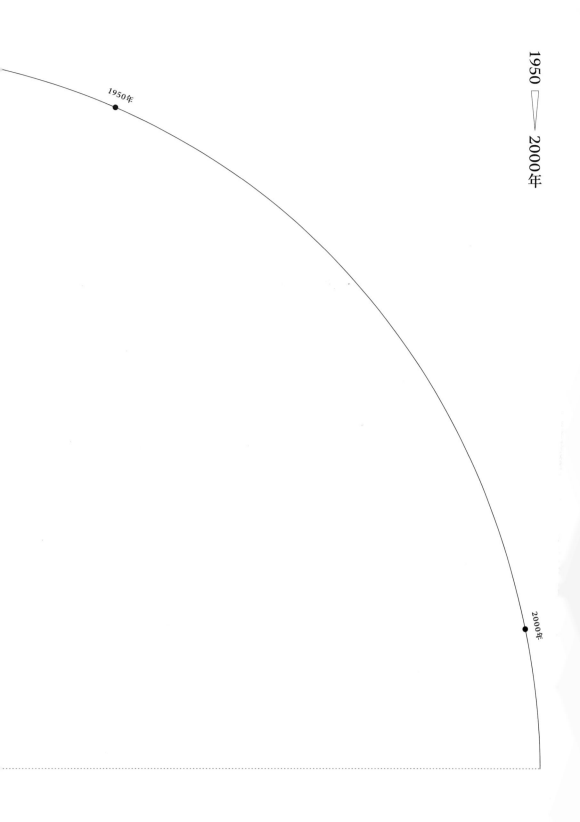

1950 ▷ 2000年

1950年

2000年

1 陈省身题词

廿一世紀
数学大國
「数学教学」
三十周年之庆
陳省身

1

2 中国数学会成功加入 IMU 之后，
   陈省身与参加美国伯克利第 20 届
   国际数学家大会的部分中国数学家
   合影

2

3 参加第 13 届国际数学联盟会员国
   代表会议的中国代表团会后在会场
   合影（左起张恭庆、杨乐、李大潜、
   李文林）

3

4 第二届"陈省身数学奖"颁奖仪式
   （1989 年，该奖 1987 年设立）
5 首届"华罗庚数学奖"颁奖仪式
   （1992 年，该奖 1991 年设立）

4

5

● 1980 年春，陈省身在《对中国数学的展望》的演讲中首次提出："我们的希望是在二十一世纪看见中国成为数学大国。"

● 1986 年 8 月，在美国加州奥克兰举行的第 10 届国际数学联盟（IMU）会员国代表会议上，中国数学会正式加入了国际数学联盟。

● 1998 年 8 月，在德国德累斯顿举行的第 13 届国际数学联盟会员国代表会议上，中国北京以压倒多数选票赢得了 2002 年国际数学家大会主办权。

2000

2000年

1 　第 24 届国际数学家大会开幕式在
　　北京人民大会堂举行（2002 年）

2 　第 8 届国际工业与应用数学大会
　　在北京举行（2015 年 8 月）

3 　第 14 届国际数学教育大会在上海
　　举行（2021 年 7 月）

● 2000年，首届国家最高科学技术奖颁发，吴文俊荣获首奖。谷超豪荣获2009年度国家最高科学技术奖。

● 2002年8月，中国北京成功举办第24届国际数学家大会（ICM2002），吹响了向数学强国进军的号角！

● 2015年8月，第8届国际工业与应用数学大会在北京举行。

● 2021年7月，第14届国际数学教育大会在上海举行。

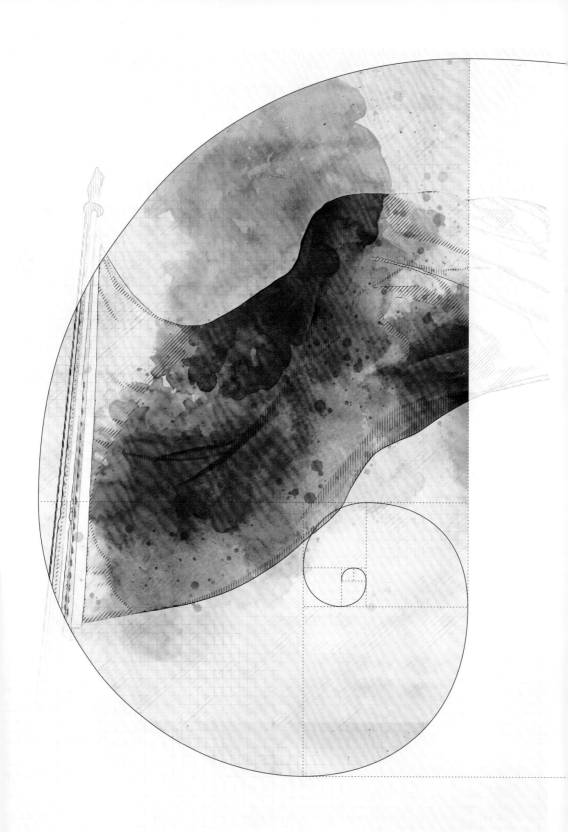

2000年

挺进数学强国

2020 年 9 月 11 日，中共中央总书记、国家主席、中央军委主席习近平在科学家座谈会上提出"四个面向"（坚持面向世界科技前沿、面向经济主战场、面向国家重大需求、面向人民生命健康）要求，总书记同时指出基础研究是科技创新的源头。总书记的指示激励着包括数学家在内的广大科学家和科技工作者肩负起历史责任，不断向科学技术广度和深度进军。

经过整整一个世纪几代数学家披荆斩棘的努力，中国现代数学从无到有地发展壮大。今天，我国已建立并完善了独立自主的现代数学科研与教育体制，形成了一支研究门类齐全、并拥有一批学术带头人和活跃于国际数学前沿的优秀青年数学家的实力雄厚的数学研究队伍，取得了丰富和先进的学术成果。中国数学家已达到了自立于世界数学之林的世纪目标，正在为实现数学强国之梦而奋勇前进！

索引

Z

策划编辑	李 蕊
责任编辑	李 蕊
封面设计	姜 磊
责任绘图	杨伟露 易斯翔
版式设计	姜 磊 易斯翔
责任校对	李 蕊
责任印制	赵义民

数学历史画卷

SHUXUE LISHI HUAJUAN

图书在版编目（CIP）数据

数学历史画卷 / 李文林主编；冯雷，吴宝俊副主编
. -- 北京：高等教育出版社，2024.2
ISBN 978-7-04-061489-3

Ⅰ.①数… Ⅱ.①李… ②冯… ③吴… Ⅲ.①数学史
－普及读物 Ⅳ.① O11-49

中国国家版本馆 CIP 数据核字 (2023) 第 229308 号

读者意见反馈

为收集对教材的意见建议，进一步完善教材编写并做好
服务工作，读者可将对本教材的意见建议通过如下渠道
反馈至我社。
咨询电话　400-810-0598
反馈邮箱　hepsci@pub.hep.cn
通信地址　北京市朝阳区惠新东街4号富盛大厦1座
　　　　　高等教育出版社理科事业部
邮政编码　100029

出版发行	高等教育出版社
社　　址	北京市西城区德外大街4号
邮政编码	100120
印　　刷	北京盛通印刷股份有限公司
开　　本	889mm×1194mm　1/16
印　　张	21.25
字　　数	480千字
购书热线	010-58581118
咨询电话	400-810-0598
网　　址	http://www.hep.edu.cn
	http://www.hep.com.cn
网上订购	http://www.hepmall.com.cn
	http://www.hepmall.com
	http://www.hepmall.cn
版　　次	2024年2月第1版
印　　次	2024年2月第1次印刷
定　　价	198.00元